菜鸟

装修不用愁

家居装修一本就够

李江军　编

U0351292

中国电力出版社
CHINA ELECTRIC POWER PRESS

内 容 提 要

本书以问答的形式详细地介绍了家居装修过程中会遇到的各类问题，包括做装修准备、装修风格的选择、装修方式的选择、如何做装修预算、省钱的诀窍、解读装修误区、如何选择装修公司和设计师、装修中有哪些设计细节、如何购买装修材料、施工时要注意的问题、如何做好软装搭配等，可速查速用，适合广大装修业主阅读参考。

图书在版编目（CIP）数据

家居装修一本就够 / 李江军编 .—北京：中国电力出版社，2016.5
（菜鸟装修不用愁）
ISBN 978-7-5123-9071-3

Ⅰ.①家… Ⅱ.①李… Ⅲ.①住宅 – 室内装修 – 建筑设计 – 问题解答 Ⅳ.① TU767-44

中国版本图书馆 CIP 数据核字（2016）第 048849 号

中国电力出版社出版、发行
（北京市东城区北京站西街 19 号　　100005　　http://jc.cepp.com.cn）
责任编辑：曹巍　　责任印制：蔺义舟　　责任校对：王小鹏
北京市同江印刷厂印刷·各地新华书店经售
2016 年 5 月第 1 版　2016 年 5 月北京第 1 次印刷
700 毫米 ×1000 毫米　16 开本·14 印张·204 千字
定价：36.00 元

目录 Contents

▶ 装修方式盘点 哪种最适合自己

▶ 精打细算 做好装修预算

▶ 怎样装修更省钱的诀窍大公开

▶ 认识这些错误的做法　让装修不留小遗憾

▶ 绕开陷阱 装修不做冤大头

▶ 选择合适的装修公司和设计师 让装修更顺利

▶ **怎样购买装修材料不被坑**

▶ **开始施工前要注意的事**

▶ 格局改造　家装切忌乱拆改

▶ 掌握施工环节　再难的装修都不是事

▶ 完成施工后要注意的事

▶ 轻装修重装饰 做好软装搭配

做准备 学知识

收到新房后，
开始装修前需要到物业公司办理手续，
做好邻居的沟通工作。
多数业主对于装修成型的房子并没有明确的概念，
需要补充一些装修知识。

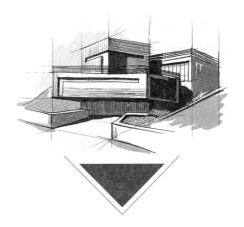

进行装修前应该先想好哪些问题

1. 装修档次。业主一定要对自己的经济条件和承受能力做一个准确的评估，这是装修准备工作中至关重要的一环。

2. 短期过渡还是长期居住。对于短期过渡的房子就没有必要投入很多的精力与财力进行高档装修了。如果是为了长期居住，那么就要在能力允许的情况下仔细规划、细心布置，把装修做到尽善尽美。

3. 与谁同住。单身的业主在装修之前，还要考虑到今后和谁一起住这个问题，是爱人、孩子还是父母呢？每个人都有不同的生活习惯和喜好，将共住者的这些习惯与喜好考虑在内才能使日后的生活更加和谐幸福。

办理装修手续需要哪些文件和费用

业主们接收了新房之后，一般都会尽快完成装修，以便尽早入住。不过，在装修之前还有相关的手续要办。先到物业公司领取《装修申请表》，并完整填写；提交与家装公司签署的装修合同（含正本和预算报价单）；与物业公司签署安全、防火等各种协议（保证书）；提交家装公司的营业执照复印件、设计资质复印件和施工资质复印件；提交施工人员的照片和身份证复印件。办理家装手续时，家装公司需要交纳的费用，包含装修押金、施工人员的出入证制作成本费和押金。业主需要交纳的费用，包含装修管理费、电梯使用费、垃圾清运费。

如何与物业公司配合 更顺利地完成装修

1. 在进行装修前，一定要向物业公司进行详细的申报，并将装修公司名称、装修人员名称、装修项目、开工日期、竣工日期等情况告知物业公司，这样物业公司才能提供临时工程垃圾堆放点、工程电梯以及出入小区的检查、放行等服务。

2. 在装修开始之前，务必将自己的联系方式与装修公司、工长的电话告知物业公司，这样才能保证一旦出现施工问题物业公司可以快速联系到业主和施工方，将施工问题带来的损失控制在最低。

3. 在物业公司做好家庭装修的竣工验收后，业主应该及时将物业公司发给的施工许可证、施工工人佩戴的小区出入证、装修公司的临时车证收回，交还给物业公司，以便物业公司对出入小区的人员和车辆进行管理，为其他业主创造出更加有序和安全的小区环境。

🏠 装修前如何做好与邻居的沟通工作

装修不仅仅只关系到业主个人，与周围的邻居也有千丝万缕的联系。在装修开始前，业主就应该在电梯间、单元门口张贴告知书，将装修的开始时间和完工时间告知邻居。最好再拜访一下受影响最大的隔壁人家与下层住家，事先取得谅解。在装修过程中会让本层的公共区域比较脏乱，所以见到邻居时要经常表示歉意。现在国家对装修时段有明确的规定，在规定时段内装修一般不会面临纠纷。因此，业主需要对装修工人严加管理，避免由于赶工而造成在非规定时段内施工的现象，这对搞好邻里关系也是至关重要的。

🏠 装修时应留出哪些弹性空间

下一代诞生、老人迁入、储物量增加等都是业主在装修时应该考虑到的情况，因此要留出相应的弹性空间。

1. 新婚夫妻装修时要注意为宝宝预留儿童房。在居室内预留一个面积较小、采光通风能力较强的房间，设置为书房或其他方便改造为婴儿房的功能空间，这样将来就能相对轻松地进行婴儿房改造。

2. 大部分由独生子女组成的家庭，十几年后都会面临老人迁入的问题。其实，只要在装修时预留一个装修简单的客房空间就能轻松解决这个问题。

3. 每个家庭需要储存的杂物都会越来越多。因此，在进行装修设计时要特别重视储物空间的预留，不要只顾眼前的物品收纳，要尽量多地设置储物空间，以满足日后的需求。

先定家具再做装修的做法具体有哪些好处

1. **精准地预留位置：** 确定家具的形状、尺寸之后再进行家居设计，会有助于对家具的位置做出精准的定位，还可以在电话线、网线、视频线、电源线等管线改造上做出相应的调整，让设备看起来更整齐，也更方便使用。

2. **更好地利用空间：** 由于事先知道了尺寸、形状和摆放位置，摆放家具之后留出的边、角等空间就可以通过家居设计来填补。局部的个性化设计，使原本只能浪费的空间得到了有效利用，又不破坏家庭装修的整体风格。

3. **让风格更协调：** 如果先进行装修，那么在挑选家具时就会受到很多限制。但即使是小心翼翼挑选的家具，还难免会发生款式、色彩等方面与装修风格不协调的情况。如果能先定家具，在进行家居设计前就将家具风格特点与设计师进行深入沟通，然后再由设计师根据家具的具体情况来进行针对性的设计，就可以有效避免上述问题了。

装修前要准备哪些小工具

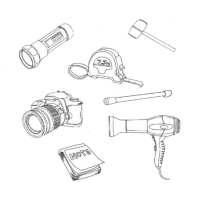

装修之前要准备一些小工具，例如笔和本子、计算器、卷尺、档案袋等，这些小工具能够让准备工作事半功倍：无论是记录产品的价格、材料、尺寸等数据，还是记录和设计师沟通的结果、装修期间的花费等，都需要用到纸和本子，最好还能记下每天的装修进度、

花费情况，以便控制预算；和商家谈好价格后，一定要用自己的计算器把所有的总价再核实一遍，绝不能出现计算错误；量房子、量家具、量橱柜、量地板地砖，卷尺可以检查施工过程中的横平竖直，起到不小的作用；装修工程档案袋内可存放家庭装修工程合同、设计图纸、预算和付款凭证票据等文件资料，以及购置装修材料和设备的凭证、合格证、质保卡和使用说明书等，方便查找。

🏠 正规装修合同由哪些内容组成

执行主体和执行对象：工程主体和施工地点名称是合同的执行主体，甲乙双方的名称是合同的执行对象。

工程项目：包括序号、项目名称、规格、计量单位、数量、单价、计价、合计、备注（主要用于注明一些特殊的工艺做法）等，一般按附件形式写进工程预算和报价表中。

工程工期：包括具体工期多少天，延期违约金，以及付款方式。

工程责任：对工程施工过程中的各种质量和安全责任作出规定。

双方签章：包括双方代表人签名和日期，公司一方要有公司章。

🏠 签订装修合同需要明确哪些内容

第一次装修的业主，一定要多翻阅相关资料，保证自己签一个清楚明白的装修合同。签订装修合同时，要明确以下这些内容：

合同当事人身份：装修合同中，发包方的装修房应属合法居住用房，即产权房或租赁房；合同承包方应是经工商行政管理部门核准登记的，并经建设主管部门审定具有装修施工资质的企业法人。

施工内容：施工内容方面包括装修工程地点、面积和具体施工项目。这些条款应对照施工图力求详尽。

承包方式：主要有三种，即包工包料（全包）、包工包辅料（半包）、包工不包料（清包）。业主可以根据自身情况选择其中一种适合自己的承包方式，并约定是否允许转包和分包。

工期：开工和竣工日期是合同必不可少的内容，往往涉及违约责任的认定，因而在合同中应当写明，并严格遵守。建议业主不要把装修工期定得太短，这样才可以保证装修质量。

价格：合同中的总价款包括材料费、人工费、管理费、设计费、垃圾清运费、其他费用及税金。税金由业主承担，这是装修行业的特殊要求。

付款方式：可以一次性付清或分期按进度支付。合同中要明确具体的支付时间和金额，并保留部分装修费用至工程验收完毕，这样可以保障工程的维修。

施工中发生的费用由谁承担：装修过程中，都会用到水、电、煤气等，这笔费用由谁来支付应该在合同中注明。

如何按期支付装修费用比较合理

明确支付时间：一般分为开工前首付、工程过半支付、完工支付三个支付时间段，但要注意的是明确工程过半和完工验收合格的具体条件，否则很可能产生理解性纠纷。建议以木工活完工并验收合格为工程过半的标准，以全部施工完成并验收合格为完工的具体条件。

装修公司喜欢的支付方式：这是按期支付装修款

的第二个重要环节，应该事先明确各个时间段的支付比例。多数装修公司会要求业主首付 60% 的装修款，工程过半支付 35%，而余下的 5% 则等施工完成验收合格后再进行支付。这种支付方式对于业主来说是比较危险的，因为工程过半时业主就已经支付了高达 95% 的工程款，那么余下的 5% 又能起到多大的约束作用呢？

对业主有利的支付方式："3331" 的付款方式，即开工前支付 30%，工程过半后支付 30%，检验合格后支付 30%，检验合格 3 个月后支付 10%，对业主是最为有利的。

🏠 家装订金是否可以退还

有些装修公司在为业主提供设计图纸前，会要求业主签设计协议或设计合同，同时收取相应的家装订金。然后，再由设计师根据业主的房屋户型图进行初步估价，具体价格和其中的工艺设计则要等实地量房后才会给出。家装公司提供了设计图纸，也就意味着提供了一定的服务，按照其所付出的劳动收取一定的费用，是比较合情合理的。在《合同法》中，有不可抗力和可抗力两种情况，因不可抗力解约的，订金应该如数退还，而业主的主观行为则属于可抗力，那么解约的部分责任就应该由提出解约的业主承担。

装修风格眼花缭乱该如何选择

各式各样的装修图片很漂亮，
田园、中式、欧式——轮到自己要装修房子了，
面对眼花缭乱的装修图片，
如何才能省时省力地挑选自己喜欢的设计风格呢？

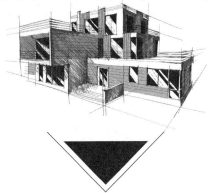

如何选择适合自己的装修风格

一部分业主不知道如何选择适合自己的装修风格，那么可以参考以下几个步骤：

1. 找感觉，即通过大量查看图片找到自己中意的装修风格。这时不必考虑房屋类型、面积、经济等种种情况，最重要的是找到喜欢的装修风格。另外，还要考虑家人的意见，尽量寻找大家都满意的类型。

2. 根据个人喜欢的配饰、家具、地板等细节一步步拼凑，让意识中的装修风格丰满起来，最后再让设计师帮忙完善一下就可以了。

3. 在装修时，有些装修材料自然就会形成一种风格，所以业主也可以到建材市场去看看有没有中意的材料，这也是选择装修风格的一种途径。

4. 说出自己的想法，让设计师设计装修风格。这是大部分人会选择的方法，不过需要花一定的时间才能与设计师充分沟通。

选择装修风格需要考虑哪些因素

确定家装风格，以下三个要点是相辅相成的：

1. 既考虑经济因素，又不能忽视舒适和美观；

2. 营造舒适的氛围要以经济为基础，并尽可能做到完美；

3. 创造优美的家居环境必须兼顾舒适性和经济承受能力。

除此之外，还要考虑家庭人员组成、家庭文化、各地区的风俗、信仰等等。总之，不追随潮流并不等于不时髦，选择合适自己的家装风格，才能展现个性家居的风采。

简约风格家居如何搭配软装

简约风格家居的色彩以黑色、白色、灰色为主，很少大面积使用纯度较高的色彩，所以装饰挂画可以选择颜色鲜艳明快的抽象画，起到画龙点睛的装饰效果。地毯适合选择纯色的或者带有几何图案的色块比较分明的来搭配。简约风格的家具一般总体颜色比较浅，所以饰品就应该起点缀作用，可以选用比较出挑一点的，一些造型简单别致的瓷器和金属的工艺品就比较合适，花艺相架也不错。

🏠 混搭风格家居有哪些设计要点

混搭风格可以为居住者量身打造最具备个人色彩的家居空间，但是混搭风格的设计讲究的是搭配，而非将自己喜爱的装修元素单纯地拼凑在一个居室之内。每一种混搭风格的设计其实也都有它的侧重点，装修风格的混搭设计的成功与否，关键在于其主题是否明显，一般以单一装修风格为主，其他风格的装修元素进行点缀。目前流行的混搭方式大多数以中式和其他风格搭配为主。例如中式加美式，中式加欧式，但是其他的搭配，例如法式加欧式的搭配就比较少。

🏠 新中式风格与其他家居风格有什么区别

传统的中式风格主要以古色古香的明清家居、富有中国风气息的装饰品如山水画、文房四宝、屏风等以及典雅大气的红黑主色调为主。新中式的风格在保留传统的结构造型基础上，融入不锈钢、渐变等现代元素，色彩也更加活泼生动。与欧式风格的张扬、浮夸、奢华相比，新中式风格造型朴素，典雅有韵味；与现代简约风相比，新中式风格色彩浓厚，成熟。有一定文化底蕴和生活阅历的业主会偏爱新中式风格。

🏠 新古典风格家居有哪些设计要点

新古典主义的设计风格其实就是经过改良的古典主义风格。在色彩搭配上，以亮丽温馨的象牙白、米黄，清新淡雅的浅蓝，稳重而不失奢华的暗红、古铜色演绎华美风貌。图案纹饰上多以简化的卷草纹、植物藤蔓等装饰性较强的造型作为装饰语言。墙面上减掉了复杂的欧式护墙板，使用石膏线勾勒出线框，把护墙板的形式简化到极致。地面经常采用石材拼花，用石材天然的纹理和自然的色彩来修饰人工的痕迹，使家中的那种奢华和品位毫无保留地流淌。

🏠 新古典风格布置饰品时注意哪些重点

饰品在新古典风格家居中必不可少，要和整体软装搭配。除了家具之外，几幅具有艺术气息的油画，复古的金属色画框，古典样式的烛台，剔透的水晶制品，包括老式的挂钟，电话和古董，都能为新古典风格的怀旧气氛增色不少。此外，新古典风格的客厅十分注重室内绿化，盛开的花篮、精致的盆景、匍匐的藤蔓可以增加自然的亲和力。若再配以奢华的绫罗绸缎，则古典与舒适相映成趣，突出华美而浪漫的皇家情结。

🏠 地中海风格家居常用哪些设计元素

1. 家具尽量采用低彩度、线条简单且修边浑圆的木质家具，地面则多铺赤陶或石板。

2. 马赛克镶嵌与拼贴是较为华丽的装饰，主要利用小石子、瓷砖、贝壳、玻璃片、玻璃珠等素材，切割后再进行创意组合。

3. 窗帘、桌巾、沙发套、灯罩等均以低彩度色调和棉织品为主，以素雅的小细花条纹格子图案为主。

4. 线条圆润、具有地域特色、视觉效果强烈的船造型物品，比如罗盘、船舵等，常常是工艺品的摆设或者做为时钟的造型。锚、汽油灯等铁艺工艺物件，以及整齐编织的渔网和各种各样的海洋生物物品如海螺、贝壳等也是地中海风格独特的美学产物。

5. 绿化是地中海风格的点睛之笔，爬藤类植物以及小巧可爱的绿色盆栽都是常见的居家植物。

欧式风格家居有哪些设计重点

欧式装修一般分为古典欧式与简约欧式。古典的欧式风格色彩比较低沉、线条比较复杂，而且显得特别奢华大气。简约欧式装修风格就是简化了的欧式装修，依然会保留欧式装修的一些元素，但更偏向简洁大方，注意融入现代元素，线条完美、细节精致。相比之下，简约欧式装修更符合人们对家居装修风格的追求。不过，欧式风格最适合用在大面积的房子里面，若房子过小，则不仅没办法显示出欧式装修的风格气势，反而让人觉得压抑不舒服。

法式风格家居有哪些设计重点

法式风格最为讲究精致性，往往从细节上体现出来。柔媚轻盈的曲线、繁复细致的雕花、金碧辉煌的装饰是法式风格的重要元素。飘逸的水晶灯、华丽的金色细脚饭桌、金色画框镶嵌的挂画、布满华丽金线花纹的摆设都很好地体现了法式风格，法式家居也常用洗白处理与华丽配色。洗白手法传达法式乡村特有的内敛特质与风情，配色以白、金、深色的木色为主调。结构粗厚的木制家具，例如圆形的鼓形边桌，大肚斗柜，搭配抢眼的古典细节镶饰，呈现皇室贵族般的品味。

法式风格家居有哪些软装搭配技巧

法式风格一般会选用对色比较明显的绿、灰、蓝等色调的窗帘，在造型上也是比较复杂的，透露出浓郁的复古风情，同时，清冷的色调有着田园风格的清爽。法式风格的地面应该由地毯来担当主角，最好选择色彩相对淡雅的图案，过于花哨会与法式浪漫宁静相冲突。法式装修软装上少不了油画，印象派油画大师笔下的法国乡村风景，那些平凡的景物上饱含柔美的色彩，加上妙不可言的光线感，挂在墙面上，一股浓郁的法式浪漫风情就散发开来了。

🏠 田园风格家居通常采用哪些材质

仿古砖是田园风格家居地面材料的首选，粗糙的质感让人觉得它朴实无华，更为耐看。天然的板岩是使用天然的石材大刀阔斧地砍凿而成，可以用它来装饰壁炉或者踢脚线。铁艺可以做成不同的形状，像花朵又像藤蔓，不但可以用在家具中，也可以用在居室外。百叶门窗则一般用白色或着原木色，不但可以当作普通的门窗使用，还能作为隔断。墙纸、彩绘、花色布艺以及藤草编织物，这些自然的东西都是田园风格中最经典的元素。

🏠 田园风格家居有哪些软装搭配技巧

田园风格家居在布艺沙发的选择上可以选用小碎花、小方格等一类图案，色彩上粉嫩、清新，以体现田园大自然的舒适宁静。灯具适合以精致的铁艺灯架，配以格子花纹布艺灯罩，在光线的穿透下，洋溢着纯朴的乡村风格气息。选用小碎花的壁纸，或者直接运用手绘墙，这也是田园风格的一个特色。此外，田园风格的家中适合多摆放一些花草植物，最好是小盆的、绿油油的植物，粉嫩灿烂的小花也是很不错的元素，而且这些植物还可以清新室内空气。

🏠 美式风格家居有哪些常见的设计元素

仿古砖：仿古砖略为凹凸的砖体表面、不规则的边缝、颜色做旧的处理、斑驳的质感都散发着自然粗犷的气息，和美式乡村风格是天作之合。

做旧家具：人工做旧家具上的痕迹就像岁月留下的故事，斑驳的同时也更具观赏性。这种做旧工艺的本身与现代施工工艺的做法形成鲜明的对比，显得文艺感十足。

仿古艺术品： 美式风格家居常用仿古艺术品，如被翻卷边的古旧书籍、动物的金属雕像等，这些东西搭配起来呈现出浓郁的文化艺术气息。

壁炉： 壁炉是美式乡村风格家居的主打元素。壁炉可用红砖砌成，也可以刷白漆，这取决于家的主题色调。如果家里走的是古旧路线，那么红砖传统壁炉就是首选；如果家里选择的是轻快明朗的乡村风格，白色的壁炉就更加合衬。

植物： 美式装修风格喜欢体现自然惬意，所以居室内有很多的绿色植物，一般都是终年常绿不开花的植物，房间的地面、柜子上、桌子上都可以见到绿植的踪影。

🏠 东南亚装修风格家居有哪些设计要点

图案色彩： 东南亚风情标志性的炫色系列多为深色系，且在光线下会变色，沉稳中透着一点贵气。芭蕉叶、大象、菩提树、莲花等是装饰品的主要图案。

造型设计： 东南亚风格的搭配虽然风格浓烈，但不能过于杂乱，否则会令空间显得累赘。木石结构、砂岩装饰、墙纸的运用、浮雕、木梁、漏窗等元素，都是不可缺少的。

家具配置： 大多就地取材，比如印度尼西亚的藤、马来西亚河道里的水草。

配饰方面： 东南亚装饰品的形状和图案多和宗教、神话相关。

装修方式盘点
哪种最适合自己

清包、半包、全包、纯设计 装修方式多种多样。

选择不同的装修方式直接影响装修价格，

更影响装修质量。

所以一定要在装修之前了解装修方式方面的专业知识。

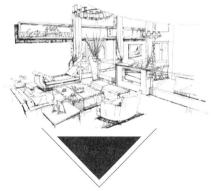

什么是纯设计

纯设计是指业主只找装修公司设计，装修公司只负责出图不负责施工。纯设计和清包很像，但不同的是施工队是要自己寻找的。纯设计也包括方案设计、出图（效果图是需要另外购买的，价格在300元左右一张）、陪同选材料、施工现场交底、配合设计变更、竣工验收、家具购买、软装指导等工作。由于纯设计利润较低，除了纯设计公司，一般装修公司是没有纯设计服务的。

纯设计应该选择哪种付款方式

因为在装修费用里，有一块是管理费、税费等杂费，这些都是装修公司的运营成本转嫁到业主头上的，因此很多人也想把这部分费用压低。如果设计师不追求个人业绩的话，他们更乐于接纯设计的生意，业主直接把设计费付给设计师，同时也不用付给公司税费和管理费了，是双赢的方式。双方可以约定到设计图出完为止付30%，施工到一半阶段的时候付50%，完工以后确定不需要改动了，再付尾款20%，这样的付款方式效果才有保障。

什么是清包装修

所谓清包装修，就是业主把家装项目的人工部分承包给一个包工头，由包工头去组织不同的工种进行施工，所有的材料由业主负责采购。这样一来，包工头就成了施工员，家装业主就成了项目经理。这种承包方式被家装游击队所普遍采用，比半包便宜一点，但业主会非常辛苦。至于设计方面，要么业主自己设计或者和包工头边做边设计，要么找个设计师另外付费设计。

🏠 清包装修有哪些优缺点

优点： 自由度和控制力大，自己选材料，可以充分体现自己的意愿；通过逛市场，可以对装修材料的种类、价格和性能有直观的了解。

缺点： 需要投入的时间和精力较多，如逛市场、了解行情、选材等，工期相对较长；需要业主对材料相当了解，否则在与材料商打交道的过程中，容易吃亏上当；可能会造成与装饰公司的纠纷，如果材料不能按进度要求准时到位，或者装修质量出现问题，很难说清到底是哪一方的责任，就会耽误工期；要承担一定风险，由于中间环节有材料价格纠纷，与装饰公司的关系不明了，万一出现问题责权也不容易界定。

🏠 清包装修不一定省钱，哪些问题要注意

1. 这种方式适合对装饰材料比较精通，有时间、有能力采购材料的业主。如果对装修一窍不通就贸然上阵，省下来的钱转而就进了材料商的口袋，得不偿失，因此不推荐普通业主采用。

2. 尽量选择正规的装饰公司。目前很多规模较小的家装公司或马路游击队会接清包装修，如果在施工中发生争执一拍两散，施工质量和维修服务都没有保障，后期投入的维修费用可能会更高。

🏠 清包装修怎样做好应急采购

1. 如果使用清包方式进行装修，则要做好装修队预先下单的环节。装修队应提前 1 ～ 2 天将后续施工需用的主材、辅料提前列出清单，交与业主，这样就能从源头减少应急采购现象的发生。

2. 选择清包方式装修的业主应该在装修开始之前，就对周边的建材市场进行一次细致的摸底，重点了解建材城的经营种类、重点品牌、性价比，以及取、送、退、换货

物流程，这样就可以在应急采购时做到有的放矢。

3. 对于工作较忙、时间不很充裕的业主来说，还可以对应急采购进行适当放权处理。通过工长、工人垫付资金（或预留一部分资金）购买辅料，开出发票后结算货款，这也是做好应急采购工作的好办法之一。

清包装修如何做好与装修队的沟通

首先，无论是自己设计还是邀请设计公司进行装修设计，在确定最终方案之后，都要与装修队进行深入沟通，并要求装修队提出具体的施工步骤、施工方法与施工建议，这样可以有效地避免设计与施工之间的冲突；其次，虽说装修材料由业主亲自采购，但还是应该由工长提出材料的采购建议，具体明确材料种类、材料品牌与级别、材料采购数量与送达时间、环保指标等各项问题；另外，清包装修是比较不省心的装修方式，需要业主有时间、有精力来配合，因此建议缺乏相关经验与知识的业主聘请一位装修监理，既可以随时为自己提供专业建议，又能够保证装修的进度与质量。

清包装修遇到中途停工的情况如何解决

相对于装修公司，包工头对手下工人的控制力要弱一些、工人资源也比较稀缺，可能出现因为把工人派到其他工地或者一时联络不到熟悉的工人，而出现停工现象，短则两三天，长则一个星期到半个月。所以哪怕是找包工头做装修，开工之前签一个君子协议也是很有必要的。凭着这份合同，可以把握分期付款的时间、工程进度、违约责任、保修责任。停工几天，就意味着包工头要晚几天收到下一笔费用。

🏠 清包装修要求预支工程款合理吗

很多业主遇到过这种情况：包工头以自己没钱买材料等理由要求提前支付下一笔费用，付了之后又发现包工头反而怠工、停工。要注意的是，包工头跟装修公司不一样，手头流动资金并不多，业主的一笔款子对他来说还是很重要的。建议采取以下这种付款方式：开工前一天支付第一笔费用；泥工完成、木工进场前支付第二笔费用；木工完成、油漆工进场前付第三笔费用；留一部分费用作为保修金（竣工三个月后支付）。包工头为了拿到工钱肯定会在每个施工阶段确保施工质量，以免业主不满意返工。

🏠 什么是全包装修

所谓全包装修，是指将购买装饰材料的工作委托给装修公司或者是施工队，由装修公司或者施工队统一报出材料费和工费。这是装修公司和施工队比较普遍的做法，可以省去客户很多麻烦。如果业主对装饰材料一无所知、讨厌逛市场、去建材市场交通不便、信任装修公司或者需要购买的装饰材料多且复杂，那么就可以考虑全包装修。

🏠 选择全包装修有哪些优缺点

优点： 省时省力省心，责权明晰，一旦出现质量问题，都由装饰公司负责；报价透明，杜绝低开高走、设计师拿回扣等潜规则；整体费用更容易掌控，不容易超标；装饰公司集体采购的建材价格比市场价低 10% 以上，更经济实惠；包含了材料的损耗，减少自购建材导致的配件不匹配等麻烦。

缺点： 某些装饰公司缺乏诚信，很难识别是否虚报价格、以次充好。

选择全包装修注意哪些问题

越来越多的装修公司进一步完善全包方案，不但丰富主材品类，而且降低了报价，因此获得不少业主的青睐。选择全包时，需要注意：

1. 主要风险在于对装饰公司的选择。若碰到不良企业，可能会出现以次充好的情况。因此，业主一定要委托信誉高的知名品牌装修公司，切不可找马路游击队。

2. 对于装修合同要做到事无巨细，将自己的所有要求都在合同上明文写出。不仅要写明所需要材料的品牌和规格，还要特别注明对装修步骤的要求。

包工包料与自购主材哪个更划算

1. 包工包料比自购主材要让业主省心得多，是毋庸置疑的。但是，即使是包工包料，业主也必须经常到现场与工人交流，千万不要坐等竣工。只有业主显示出对装修的细心和重视，工人们才会做出更细致的活儿来。

2. 对于毫无装修经验的人来说，自购主材也许会加大装修成本。因为各个装修公司都跟建材提供商有着深度的合作关系，他们拿到的建材往往会比业主便宜很多。业主应该事先摸清主材的市场价格，把装修公司的利润控制在合理的范围之内就可以了。

3. 在工程衔接上，这两种方式相差不多。但是对于自购建材的业主而言是比较辛苦的，必须时常关注工程进度，以便确保建材及时到位。而包工包料的业主就轻松许多了，装修公司会将下一步所用的材料准备妥当，业主要做的就是确认送达建材的种类、品牌和数量。

什么是半包装修

所谓半包装修，又叫清工辅料，这种装修方式适合繁忙但又追求品质的人，但前提是要有一定的装修建材专业知识。半包装修由装修公司负责施工和辅材的采购，主材部分由业主自己采购。其中水电都是包给装修公司的，包括电线、网线、电视线、线管等，不需要业主再去买其他的东西；木工方面，几乎所有的吊顶包工包料，但有些不包括厨房、卫生间的扣板，做柜子需要协商；瓦工方面只包括工费和水泥黄沙，瓷砖要由业主购买；油漆方面，全部的材料和工具由装修公司负责。

🏠 半包装修有哪些优缺点

优点： 自己采购主材，可以灵活控制费用；由装饰公司统一采购水泥、涂料、电线等价格不高但种类繁多的辅料，省心省力；由装饰公司提供完整的设计方案，设计水平和装修档次更高；避免了全包对主材品类的诸多制约，能满足业主的个性化需求。

缺点： 业主自己采购主材的价格较高，对总体造价心里没底，容易超标；辅料的质量业主无法把关，如果使用了劣质辅料或环保不达标，将影响整个装修工程的质量和日后使用。

🏠 选择半包装修注意哪些问题

1. 半包的方式首先对装修公司有利。主料的利润是很大的，但前提是会占压大量的资金和场地，装修公司一般不会拥有这种实力和精力，所以装修公司都会向你建议采用半包的方式，由他们提供辅料，其实许多辅料的利润率要远高于主料。

2. 包辅材的费用比自己采购要高一些。业主如果对装修公司提供的辅材质量不放心，可以要求对方将每种材料的品牌、款式、价格、数量、等级等基本情况一一列出，并作为合同附件，以便对材料进行有效监督。

3. 半包装修的总体造价无法进行准确的预估，随着工程的展开，价格往往会越来越高。

4. 对于第一次装修的业主而言，即使是自购主材也是很麻烦的。因此，半包更适合于对装修个性化要求较高、经济较为充裕的消费者。

选择半包装修应由装修公司提供哪些施工辅材

在半包装修中，最大的陷阱往往就在施工辅材上。按照规定，半包合同的最终报价应该涵盖所有施工辅材，但业主往往对哪些属于辅材范围了解得并不清楚。有些装修公司把属于半包范围的辅材说成属于自费的主材，从中赚取利润。

完整的施工辅材应当包括如下 32 项内容。其中包括：细木工板、进口欧松板、进口澳松板、九厘板、饰面板、石膏板、墙衬、墙锢、普通石膏粉、嵌缝石膏粉、高强石膏粉、粉刷石膏粉、地锢、白乳胶、防水涂料、轻钢龙骨、木龙骨、电线、网线、电话线、电视线、音响线、PPR 水管、PVC 线管、塑钢吊顶、木质漆、乳胶漆、腻子膏、原子灰、界面剂、水泥、防火涂料。

什么是套餐装修

套餐装修就是墙砖、地砖、地板、橱柜、洁具、门及门套、窗套、墙面漆、吊顶等全面采用品牌主材，并与基础装修组合在一起。套餐装修的费用是将住宅建筑面积乘以套餐价格，得到的就是全款，其中包含墙砖、地砖、铝扣板、门及门套、窗套、橱柜、洁具以及人工和辅料。

选择套餐装修有哪些优缺点

优点：主材便宜。套餐装修比自购主材价格平均低 30% 左右，而且所有品牌主材全部从各大厂家、总经销商或办事处直接采购，采购量大，所以价格便宜。

缺点：低开高走。多数套餐的报价都只含最基本的工艺，而像拆墙、打洞、加隔墙、做防水等必备工序，都要加钱；有些套餐所含的橱柜、免漆门等有数量限制，如果业主要增加，也要加钱；一般只包含一套卫浴设备，第二个卫浴间仅含地砖、墙和顶面涂料等，虽然套餐可以升级，但升级的部分需要业主买单；一些套餐对 60 平方米以下的小户型设有保底价，全部按 90 平方米计算，而 90～100 平方米的户型则全部按 100 平方米算。诸多不可控因素，最终导致套餐价格低开高走。

选择套餐装修注意哪些问题

选择套餐装修的业主，要注意了解清楚厨卫的装修品质、把关墙漆质量、弄清增项价格、不被广告承诺的总价款所诱惑。通常，厨卫产品是普通家庭装修支出最大的一部分，橱柜、瓷砖、洁具的市场差价很大，因此其品质是判断套餐是否实惠的重要标志；墙漆不仅使用面积大，造价也不小，而且对装修效果的影响很大，因此要牢牢把关墙漆的品牌品质；增项价格要提前弄清楚。如果报价与同等公司相当，那么增加一定的款项也算合理；不要被广告宣传中承诺的总价款所诱惑，因为业主实际的装修款项往往会高于套餐价格，所以业主在选择套餐中的产品时，不要光看品牌，还要认清它是该品牌中哪个级别的产品，价位大约多少，这些都要在合同中说明，以免装修公司以次充好、以低充高。

如何选择不同档次的装修套餐

1. 绝大多数的装修套餐都是按照装修面积计价的，所以业主应该根据自己希望的装修投入，再结合自己家庭的实际装修面积进行考量。在装修预算相对宽松或实际装修面积较小的情况下，建议尽量选择高级别的套餐，以期获得更好的装修效果。

2. 很多较低级别的装修套餐不包括水电改造、厨卫防水和墙体拆改等费用，如果改动较大、要求较高的话，选择高级别的套餐也许会更加省钱。

3. 不同级别的装修套餐，建材档次上也有较大区别。建议业主在选择套餐前，先了解一下不同级别套餐的建材级别与环保指标，这对于装修套餐的选择往往具有决定性的意义。

⌂ 有经验有时间的业主应选择哪种装修方式

对于有装修经验、又有空闲时间的业主来说，清包的装修方式无疑是比较合适的选择。清包装修的主料、辅料都由业主亲自购买，在装修过程中，业主只需要对装修工艺严格把关。这样可以节省大量的采购成本，并且可以使最终的装修效果与本人的要求更加符合。

⌂ 有经验没时间的业主应选择哪种装修方式

有相当一部分业主有装修经验却没时间，一般建议这些业主选择半包的装修方式。这是因为：在家庭装修中，辅料的采购是最麻烦最耗时的，将这些工作包给装修队来完成可以节约大量的时间，缓解业主的时间压力；而主料由业主亲自选购，就不必担心装修队在采购主料时谋取过多不正当的利润。

⌂ 没经验也没时间的业主应选择哪种装修方式

大部分年轻业主事业刚起步，工作比较忙，又从未进行过家庭装修。对于这部分业主而言，选择全包或者套餐装修是上佳之选。在装修开始之前，选择一家口碑好、信誉高、管理严格的装修公司签约，剩下的事情就是抽空到工地看看，指出一些不满意的地方，及时与装修队伍沟通，这样就可以获得比较令人满意的装修效果了。

精打细算
做好装修预算

如果做好装修预算，在购买建材时就不会盲目消费，购买价格偏高的建材。如果不做装修预算，就很可能导致装修因为钱花完了而半路停工。那怎样才能做好装修预算呢？

装修费用预算具体包括哪些方面

装修费用预算包括设计费、材料费、人工费、管理费和利润五大块，它们分别占总造价的 3%～5%、40%～45%、18%～25%、5%～10% 以及 15%～20%。其中，装修材料费在装修支出中所占比例最大，是影响装修造价的最主要因素，并且投入得越多，材料费的比例越大，选择什么档次的材料直接决定了装修费用的高低，装修的项目和工程量的多少则是影响造价的直接因素；把每个工人每天的工钱乘以人数和天数，就可以得出人工费的总数；管理费则是装修公司在装修过程中出车、协助买料、进场监工、协调各方面的费用。

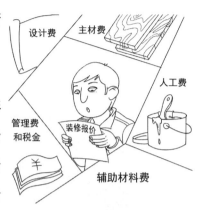

什么是硬装费用

硬装费用（施工直接费）包括基础装修费用和固定家具费用。

基础装修费用： 就是做一个"壳"的费用，包括水电、泥工、油漆、木工、拆旧和相应的辅材等。

固定家具费用： 即橱柜、鞋柜、背景电视柜、衣柜、储藏柜、台盆柜、餐边柜和书柜书桌等固定不动的家具。固定家具可以现场制作，也可以向工厂定制或购买成品。

什么是软装费用

主材配饰费用。 如灯具、窗帘、开关面板、地板、卫生洁具、集成吊顶、墙纸、瓷砖、保安门、内门、滑动门、铝合金门窗、保笼、雨棚、大理石、玻璃镜子、小五金、软管角阀、门锁拉手、装饰品摆件、路由交换机、水槽、淋浴房、楼梯栏杆和扶手等的购买费用。

家电设备和活动家具费用。 如中央空调、地热、新风系统、净水系统、锅炉、中央吸尘系统、安保系统、智能家居系统、卫星电视、冰箱、电视、音响系统、洗衣机、热水器、油烟机、煤气灶、消毒柜、洗碗机、空调、沙发、餐桌椅、书柜书桌、梳妆台、电视柜、酒柜、鞋柜、餐边柜、衣柜、厅柜、茶几、床和床头柜等的购买费用。

什么是装修管理费

管理费就是业主在装修时，装修公司对施工现场的装修工人、装修材料进行管理和监督所收取的费用。实际上，管理费是装修公司另一重要的利润来源。有些装修公司解释说收取单项管理费是为了落实责任，业主将自己采购的材料交给公司，公司就承担了保管材料的风险、施工过程中材料损坏的赔偿以及今后的维修责任。因此，收取管理费之后，如果施工中出现

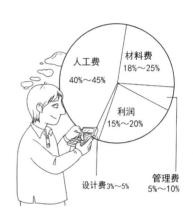

了材料损坏或施工现场混乱的问题，装修公司就要承担主要责任。

管理费 = 人工费 + 材料费 + 设计费 + 垃圾清搬费 × （5% ～ 10%）

装修管理费用在什么地方

1. 材料管理。就是对施工现场所有的材料进行管理。无论是业主自己还是装修公司买的材料都要进行妥善保管，不仅在装修前要保管好，对装修安装之后的材料同样也有保管的责任。如果因为管理失误而造成材料损坏，装修公司应当一赔一地进行赔偿，弥补业主的损失。

2. 人员管理。首先，是对工人日常生活行为的管理，对于吃住不在施工现场的装修公司而言，工人每天的路费就是从管理费里支付的；而那些吃住在现场的工人，他们的日常开销也是从管理费里支出的。其次，对工人施工行为的管理，以及施工现场的打扫、物品定点堆放等，都要由专人管理监督。

制定装修预算需要考虑好哪些问题

1. 制定预算时，首先要把设计考虑清楚，装完再改要花费不少的钱。

2. 如果决策的人多，就一定要事先协调好，否则，想法不一致也会使预算大大超支。

3. 如果业主要求修改原先的决定，无论是装修队还是卖材料的商家，无一例外都会趁机抬价的，所以下决定要谨慎，千万不要给他们涨价的借口。

4. 只能把可用于装修的总款的 80% 用于预算表的分配，因为无论预算多么严密，但装修中总有各种各样的状况。

5. 事先明确装修时的所有支出项，会对制定预算、严格控制预算有很大的帮助。

为什么装修预算需要设计先行

1. 设计图纸是装修工程的总规划。详细的家装预算是与设计图纸相对应的，图纸上所绘制的每项工程，包括工程量的大小、装修项目的多少、主要家装材料的品牌及型号、种类，都将体现在预算书里，业主要根据自身的情况把握工程和材料的档次，这样才能制订出合适的家装预算方案。

2. 设计图纸是预算报价的基础。因为报价都是依据图纸中具体的尺寸、材料及工艺等情况而制定。有了图纸之后，建议业主带图纸到现场审核确定，要求装修公司根据设计图把所有需要用到的材料都在报价单中标注出来，并在合同中详细注明自购以及代购的材料，然后就尽量不对设计做任何改变，那么最终的装修费用将和报价单上的费用非常接近。

如何看懂装修报价

拿到装修公司提供的工程图和报价单后，一定要仔细阅读。很多业主只看价格一栏，报价较低就认为可以，报价高了就拼命砍价。实际上，如果价格没有与材料、制造或安装工艺技术标准结合在一起,该报价就只是一个虚数。所以,报价单中的材料说明及制造安装工艺技术标准也非常重要。通过对比不同公司报价中的对应工艺说明,不难发现报价低的可能是在工艺上偷工减料了。例如,有的油漆报价表中工艺是一底两面(一遍底漆,两遍面漆),但有的就只是一底一面,省工又省料,价格当然是不一样的。另外,每道工序需要用的材料

非常多,所有材料的品牌和型号都必须在报价单中详细说明,否则装修公司可以任意使用便宜的劣质材料蒙混过关。

为什么要在预算书上加入工艺做法

施工工艺不仅决定了房子的装修质量和使用寿命,还是装修公司增加人工费用的项目,是影响家装造价的重要因素。但是,很多装修公司的家装预算书上却只有简单的项目名称、材料品种、价格和数量,没有关键的工艺做法。因此,建议业主要求设计师在预算书中加入工艺做法,或详细说明家装预算中每个项目的工艺做法,施工工艺和工序直接关系到家庭装修的施工质量和造价。另外,业主在装修前最好对室内装修的大体施工工艺有所了解,比如知道墙面涂层要刷几次、地面处理分几道工序等。

如何制定厨房的装修预算

厨房装修预算的分配,最好依据家电、台面、柜子各占 1/3 的规划,作出最合理的分配。

家电提供厨房正常运作的重要功能,选用适合的家电,将有效提升厨房的效能及使用率,最好占总预算的 1/3。其中,应该先选购使用频率较高的家电,例如冰箱,这是厨房的必备家电;喜欢食用烤食或是点心的话,烤箱当然不可少,其他电器依使用频率

逐一列出。

其次，台面也应占总预算的1/3，其中台面中不可少的水槽与炉具，也要依实际情况决定尺寸大小。

其余的预算就是柜子的部分，柜子具有合理的收纳功能才能保持厨房的整洁卫生。

如何控制水电改造费用

1. 装饰公司都会以水电路改造具体费用要以实际数据为准，起初很难估算为理由，不提前告诉业主需要多少预算。结账时，业主就会发现自己要为这个项目多支付一笔钱。

2. 水电改造是按照管线长度、暗盒、接头等的多少来结算的。因此，在施工前就要预算出电话线改造、电源插座改造、开关面板改造、水路改造、有线电视线路改造、网线改造可能发生的数量，并得出合理的费用总数。同时，水电的位置也需要到现场一一确定，让水电工把线路、水管的走向都规划出来，避免无故绕线而增加费用。

3. 如果业主认为开发商设计的水电路能够满足使用需要，也可以不作改动，这样还能省下一笔预算。如果不打算更换开发商配备的插座和开关面板，拆下后就要保管好，否则往往最后也不知道被谁损坏，还需要再买。

如何计算装修预算中的木工制作部分

1. 所有木工制作的部分，比如鞋柜，应该注意制作鞋柜要用到哪些材料，用量多少等情况，这样才能了解实际需要多少材料，达到控制费用的目的。

2. 最好把各木作总价算出来，比如鞋柜的最终成品要花费多少（包括框架、饰面、油漆、五金、导轨配件等），如果价格和市价差不多，就不如直购或厂家定制。另外，如果橱柜的使用率较高，则建议找专业的橱柜厂商订做，这样无论是产品还是售后服务都更有保障。

哪些原因导致预算超支

1. 大部分业主装修预算超支是由于对装修材料及主材价格不了解导致的，以及业主没有从专业的角度来合理分配装修预算。比如需要多少灯具、洁具用品，采购时容易选购性价比不高的产品等。其实有些产品不一定昂贵就好，物美价廉才是最佳选择。

2. 许多业主在采购建材时，心里价位会有渐渐提升的趋势，虽然每次都不会超支很多，但是加起来可就不少了。预算少，就不要用"只多花一点点"来迷惑自己，一个单项超几百元，几十个单项加起来便能让人吐血。另外，许多零碎的费用可真不是个小数，而往往这些费用是容易被忽略的。

3. 在装修过程中会产生一些事先无法料到的费用。比如一些品牌地板安装时需另加扣条辅料费、安装费等；安装热水器时大部分管件都是单收费的……这些算下来也是一笔不小的支出。

4. 家装方案在装修过程中不断变化，是家装超预算的另一原因。进入装修状态后，许多业主因为期望值较高，不断增项；去邻居家参观以后，回来马上要求改方案，预算也因此一超再超。

5. 装修增减项也是业主在装修中遇到的常见问题。其中有些增加项目是业主签订合同后，在实施装修过程中人为改动，这是应业主的需要增加的装修费用，但是也有某些家装公司以低报价来提升公司的签单量，在后期施工过程中强制增加某些装修项目，或者抬高装修成本费用，导致业主的装修费用超过签合同时的费用预算。

哪些方法可以防止预算超支

首先，从材料价格方面控制费用。业主应该了解装修所用的材料，包括价格。无论是家装公司提出更换装修材料或者自己更换材料都做到胸有成竹，计算成本后再对材料进行更换；其次，对于装修过程中出现的增加项目，业主需要向施工人员问清楚所加费用用于何处，如果增加项目合理，需要施工方出示书面加价协议。无论是更换材料，还是中途加价，业主应当与装修公司签订书面协议，以便出现问题时有维权依据。

预算超支后有什么补救措施

1. 减少项目。把一些可有可无的装修项目去掉，以保证有限的资金用在"刀刃"上。

2. 分步装修。根据轻重缓急，先做急需的项目，其余的等日后资金充裕了再补。

3. 降低档次。把部分基础材料的档次稍微降一点，然后覆盖上好的饰面材料，效果并不受影响。当然，基材的档次虽然不必太高，但也要符合质量要求。

装修预算中注意哪些额外费用

安装：有些东西是厂商免费安装的，但是报价时却会计算到有人工费中，因此每一笔都要详细问清楚。

搬运：材料搬运上楼费，要注意业主自购的材料是否算在该费用之内。建材搬运上楼，尤其是在没有电梯的情况下，是一件非常消耗体力、非常麻烦的事，业主要和装修公司协商好。

保洁：垃圾清理要搬运到小区指定位置，室内保洁要有标准，如果保洁效果不到位业主可拒绝支付保洁费。

其他：有的预算表可能还有第三方监理费、空气监测环保监测等费用，建议把这些项目去掉，因为装修公司提供的材料必须是合格的。如果一定要监测，建议业主寻求第三方机构的服务。

不可知：如果预算表中出现"不可预知管理费"，一定要去掉，这是不合理的。

🏠 装修设计费有哪几种计算方式

　　设计师收费都是按面积计算的，分为按建筑面积计算、按使用面积计算以及按套内建筑面积计算等。目前市场上，按使用面积和套内建筑面积计算比较多，因为这种收费方式对于得房率低的业主而言比较合理。在签订设计合同时，这一项应该注明，因为看似只差几个字，但这几种不同计算方式的实际计算结果可能会相差上千元。

🏠 装修设计费应如何支付

　　业主应该和设计师在合同中约定好设计费用的支付方式。设计费用可分四次支付：

1. 第一笔设计费用在签订合同后，测量房子前就要支付，一般为设计总价的 20%～25% 或者 1000 元左右的预付款。

2. 第二笔费用在确定初步方案后支付，一般是设计总价的 50%。

3. 第三笔费用在设计阶段图纸确认后支付，费用是设计总价的 20%。

4. 最后，在确认完全套设计图纸后，业主要将剩余的设计费用付清。

怎样装修更省钱的诀窍大公开

很多人都说装修是个无底洞，再多的钱都能砸进去；
本篇用诸多装修经验告诉大家装修如何省钱，
用最少的钱装出最好的效果。

🏠 装修注意哪些省钱的原则

控制人工： 在整个装修预算中，材料只占30%，而工人的工资占60%，设计师的设计费占10%，所以只要人工一多，预算自然就高了。

避免泥作： 任何与水泥相关的工程都会衍生出地砖修补、墙面修补、瓷砖修补、油漆修补、木工等其他工程，牵一发而动全身，建议业主要三思而行。

减少木作： 木工是除泥作外最耗费人工的工程，而且还很耗时，建议业主在要利用屋内来创造更多收纳空间时才请设计师规划，否则用成品家具代替就可以了。

注重建材效果： 很多同等级的建材与名牌建材有相同的效果，但是价格却相差很多。另外，建议业主找有连工代料的配合厂商，例如：木地板、油漆等，这些厂商有时会推出促销产品，价格通常比直接买建材又请工人要便宜。

切忌空间移位： 这是设计最基本的原则，尤其是卫浴、厨房，空间移位会增加水电工程的费用，而且排水管线的移位还可能造成漏水等问题。

🏠 哪些方法可以降低装修造价

1. 对于新建成的小区来说，拿到钥匙的1年之内都是装修的高峰时段。建议业主不要马上开始装修，最好等待3～5个月，等小区首批装修完成之后进行一次摸底。这时，可以通过跟已经装修完成的、同户型的业主沟通得到具体的装修花费、对装修公司的评价，以及装修的成败得失，这些都是非常宝贵的经验和第一手资料。

2. 就装修行业而言，冬季是业务比较少的季节。在淡季装修，购入建材的费用和人工费会相对便宜一些，而且由于淡季的装修业务少，装修公司会更有耐心地为业主解决各种问题，装修质量反而更有保障。

3. 装修公司的人手在旺季大都比较紧张，而且都希望尽快完工，来承揽下一个客户。

如果在这时催促进度，极有可能造成装修公司临时抓人到现场赶工的现象，不但要付出更多的人工费用，而且质量也难以得到保障。因此，在旺季装修可以通过适当延长工期来避免装修中的加急费用。

🏠 如何通过设计优化省钱

优秀的设计也可以让业主省钱。首先，它能让业主把钱花在点子上，在有限的预算情况下，达到主次分明的用钱目标，部分次要的项目可以使用一些便宜的材料；其次，能让花钱计划得到保证，避免一些返工的费用，例如没经过设计就随便用色，最后效果很差，不得不返工，就会造成材料和人工的重复花费；另外，还能为业主提供用料方面的建议，分析不同材料的优劣，避免选材错误造成的损失。

🏠 为什么购买材料要货比三家

业主应该提前几个月就到建材市场，对各种材料的品牌、价格、质量等进行综合调查，货比三家才能对付价格黑洞。首先，应该根据实际情况选择适合的材料，而不是急于砍价。一般来说，地、瓷砖等用量较大的材料，可以选择在品牌代理店或者连锁店购买，价格不会有太大的差异；而一些用量较少的材料，可以单独购买。选定材料后，业主可以先试探一下价格，然后报一个较大的量，看看还有没有更大的让利空间。试探完价格后，业主要跟商家说需要再进行比较，然后留下联系方式，以便商家在有促销活动或折扣优惠时联系到自己。要注意，千万不要急于购买，也不要主动给商家打电话，而是要等商家主动来联系，这样能拿到比较大的折扣。

🏠 如何合理购买材料更省钱

在家装的整个费用中，最大的一块就是材料费，浪费也更多地出现在这个方面。要想省钱，说到底就是要合理搭配和使用材料。墙面砖、橱柜、墙漆等选用一般材质的产品即可。除非是特别差的产品，一般的饰材上墙后的效果差距并不大。因此，在这些地方业主完全没有必要去追求名牌。还有就是室内门，也没有必要一定使用实木门，可以选择质量较好的实木复合门，不仅重量较小不易变形，而且在样式色彩上也可以有多种选择。

对于装修厨房和卫生间的材料，厨房、卫生间虽然地方小，但是功能大，每天都会使用，因此材料一定要舍得投入。比如说，马桶、台盆、浴缸及厨房台面等，但也并不是一定要选最贵的产品，而是可以选择高档品牌中的低端产品，因为这类产品的生产企业会考虑到品牌的自身形象、价值等因素，因此其产品的质量一般都不错，但是价格却偏低，非常适合想省钱又追求名牌的业主。

🏠 网购装修材料注意哪些要点

1. 找到网络卖家的实体店。业主如果能先在实体店看好产品，再到网上下订单，这样存在偏差的概率就会大大降低。实体店能更全面地看到产品的造型设计，通过销售人员的介绍也能对产品质量、性能有更全面的了解，一旦出现质量问题，就可以到实体店寻求帮助。

2. 找口碑好的代购。业主应该选择正规的购物网站，选择信誉高、评价好的代购，使用第三方支付平台。与商户沟通时涉及的售后服务条款，包括退换方式、保修期限等聊天记录尽可能保留，出现纠纷时可以当作佐证。收货时要仔细检验，有问题就及时与卖家沟通，在确认货物完好之前不要轻易确认收货。

3. 大件家具中，一部分可以由业主自己 DIY 的板式家具比较适合网购，因为使用平板包装，便于运输。

购买木门如何省钱

节假日向来是商家促销的旺季，对木门商家而言同样如此。业主要善于抓住促销的旺季购买，这样能节省不少开支。

首先，注意收集备选品牌木门的促销活动。在一年中几个传统促销季，许多品牌木门都有大力度的折扣促销。千万不要认为大品牌就不会让利顾客，其实反而越大的品牌，促销内容更实用，对消费者而言更实惠。因为大品牌的产品种类齐全，消费者能有更多的选择空间，虽然优惠力度不会很大，但是产品质量和售后服务更有保障。

其次，多了解最新的促销平台和促销方式。现在的团购、秒杀、网站订购、抽奖购物等形式多样化，对于大品牌木门厂商而言，他们也更看重新的商业助推平台的作用，因此可能会在新促销形式上有更大力度的优惠推出。

最后，建议所有的室内木门，都尽量在同一品牌旗下购买，这样不仅有利于整体的风格搭配，而且也能通过购买数量大争取到更多优惠。

购买瓷砖如何省钱

1. 在装修之前，业主就要明确这次装修预计使用多少年。如果打算五年以后重新装修，那么就不用选择很贵的材料了。例如，只要选择普通档次的瓷砖，能在视觉上满足审美要求就可以了，这样就能节省不少开支。

2. 业主要在买材料之前认真计算需要购买的数量。买瓷砖的时候，要按照房间的现有尺寸来计算，用房间的长和宽去除以瓷砖的尺寸，得出的这个结果越接近整数就越省钱，因为要拼接的面积少了。

购买涂料如何省钱

1. 买前听声音。将涂料桶提起，晃一晃，听一下涂料摇晃时的声音，如果发出稀里哗啦的声音，证明材料掺水较多、短斤少两或者黏度不够，质量不达标。如果摇晃时几乎听不到声音，则证明材料符合标准。

2. 买耗用量少的。在购买时，可向商家咨询涂料的涂刷遍数与涂刷面积，千万不要以为买单价便宜的涂料就是省钱。一些便宜的涂料，其耗用量大，算下来不仅费钱，更耗费人工。

3. 自己调色很经济。有人喜欢在墙面涂刷不同的颜色，如果在市面上购买各种颜色的涂料来涂刷，比较浪费钱。可以选择买散装的彩色涂料和白色涂料，再根据所需要的颜色按比例调配，这样比购买现成的电脑调色涂料来得划算。

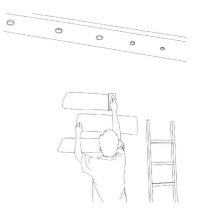

4. 买商家主导产品。购买墙面涂料时，可根据商家在店面上的陈设来推断哪些品牌比较好。一般最受欢迎的品牌会放在醒目位置，且占据陈设的面积较大。选择这些品牌的涂料不仅能买得安心，而且在一定程度上也能为墙面装修省一笔钱。

铺木地板与铺地砖哪个更省钱

地砖是传统的地板装修材料，地板则是流行新宠，大多数业主会觉得地砖肯定比地板便宜，但其实还需考虑自家的装修风格，以及装修的程度。通常，中档强化地板的价格在每平方米100元左右，而同档次的瓷砖则在每平方米80元左右，但是瓷砖还要加上铺贴人工和材料费用每平方米30～40元，这样一来地板就比瓷砖更省钱，而且施工时间更短，效果也比较好。但是，业主要注意铺设地板还可能会产生地面找平的费用，大约每平方米在20元左右，绝大部分毛坯房的地面在铺地板之前都须要做地面找平处理，否则可能会出现起灰、不平整、有异响等现象，因此在预算时不要忽略了这个项目。

购买家具如何省钱

1. 家具场直营最便宜。现在好多的家具卖场里的家具品牌都是代理商，在折扣上不会特别大，因为很多要考虑成本问题。自己生产自己销售，当然要比别人代理便宜了，就算没便宜，商家也经常会有特别礼品赠送的。

2. 选择在淡季购买家具。一般来说，任何商品的销售都有旺季和淡季之分，家具也是一样，越是提前订的越有筹码可以获得优惠，优惠空间也越大，尽量在淡季预订家具，旺季再要货，这样价格可以不变。另外，最好在节假日购买，此时商家的促销活动也是最多的。

3. 集中套购家具。如果一次性在同一个商家购买整套家具的话，议价的筹码就会更加充足，而且还能够要求对方赠送一些小件家具，集中套购家具的话也省去了到处跑家具市场的时间和精力，这样实际上也是一种隐性的省钱行为。

购买橱柜如何省钱

　　厨房装修首选高端品牌，其质量和售后服务毋庸质疑是好的，但是作为高端品牌其价格自然也不便宜，怎么办？这就需要消费者平常多留心注意了。其实这些品牌的价格也不是铁板一块，为了促进自身的销售增长，它们也会时不时地搞一些优惠活动，如现在市面上，一些中高端品牌都会每隔一段时期以套餐、团购等形式给出一定的优惠。也许他们在促销中给出的优惠折扣并不会低到哪去，但以本来比较昂贵的价格为基数，还是可以节省不少费用，因此消费者可抓住这样的时期主动出击。即使没有等来商家这样的机会，也可以自己创造机会，比如在网上自发组织针对某一品牌的团购，然后找商家谈判，商家对于这样的团购力量，自然不会小觑，一定会奉上最大力度的优惠。

🏠 墙面贴砖有哪些省钱方法

1. 选材要知己知彼。由于对材料行情不太了解，许多业主在选择瓷砖的时候，都会觉得买贵的买潮流的才是正确选择，其实新的花式过一段时间也会被淘汰，因此不如在一开始就选择大众化的符合自己预算的瓷砖。

2. 腰线也能省钱。为了追求空间的美感和层次感，厨房和卫浴墙面铺贴通常会在离地1～1.2米铺贴腰线，作为上下瓷砖的分割。但是腰线的价格比普通的瓷砖要贵很多。这时候，可以选择使用不同颜色的瓷砖，如金色、银色等与墙砖互相配合的瓷砖作为腰线来铺贴，这样的装修既省钱又时尚。

3. 拆东墙补西墙。铺贴瓷砖过程中，有时候会遇到瓷砖材料不够的情况，为了达到墙面整体颜色一致，就必须重新购买新的瓷砖。这时候，可以优先考虑将颜色一致的瓷砖铺贴在墙面显眼的位置。而壁柜、浴室柜遮挡的位置可以选用其他地方剩下的瓷砖。虽然颜色不一致，但对整体影响较少。

🏠 铺贴墙纸有哪些省钱方法

1. 家具后面不贴。在铺贴墙纸之前，先规划好家中家具摆放的位置，被家具遮住的墙面可以不铺贴，这样就可以减少墙纸的损耗。

2. 木工之后再进行铺贴。比如层高为2.6米的户型，如果仅吊顶就占据了10厘米，层高从2.6米降低到了2.5米，所需耗费的墙纸也就相应有所减少，支出自然就省下了。再者，电视、床头、餐厅等处的背景墙完工后，这些地方的墙面则无须铺贴墙纸；甚至于柜子、床头等处的背后墙壁也无须铺贴。如此一来，自然节省了不少墙纸，减少了开支。

3. 墙纸与涂料交叉使用装饰墙壁。电视背景墙、床头背景墙等墙面的装饰，可以通过一些非常规的装饰方法来节省开支。可以将墙纸仅作为局部拼贴使用。比如将墙纸与涂料交叉运用。也可选取花卉墙纸中的图案作为挂画处理来装饰墙面，在达到墙面装饰效果的同时，节省墙纸，节约装修支出。

🏠 设计榻榻米可以省钱吗

在中小户型里，将某个房间设计成榻榻米形式，能起到节省空间、扩大房间功能的作用。

1. 制作榻榻米房间时，可将房间地面抬高，并在地台内设计若干个上拉门式或侧拉门式储物柜，用来存放被褥及其他杂物，节省空间。

2. 榻榻米可以承担品茶、聊天、休闲、阅读、睡眠等多种功能，特别是对于中小户型业主来说，可以发挥夜间亲朋留宿的功用。

综合来看，设计榻榻米则不用花钱另购储物柜，还增加了大量睡眠及储物空间，能实现多种功能，因此能达到省钱的目的。

🏠 定制卧室衣柜有哪些省钱方法

1. 原本定制衣柜的费用并不高，但在最后装推门的时候，一下就把预算的费用超了。整体衣柜的推门种类繁多，其中普通推门仅需900元／平方米左右，加了腰线的普通推门则要1200元／平方米以上，推门每平方增加一两百元，最后的总价就会高出几百甚至上千元。

2. 衣柜的缓冲导轨可以避免声响，也可以延长衣柜的寿命使用。但是，缓冲导轨的价钱也得额外计算。普通衣柜的导轨，不带缓冲功能单价在160～180元／个，若是带有缓冲功能的导轨，则需要220元／个以上，缓冲导轨越多，价位越高。若想节约开支，建议业主在使用衣柜时缓缓推拉即可。

3. 不少女业主都想在衣柜里装上试衣镜，既方便试衣，也方便放置镜子。整体衣柜的隐形镜子单价在 350 ～ 550 元，而市场上独立的试衣镜售价仅在 200 元左右，业主可以考虑购买独立试衣镜。另外，如果卧房里有梳妆台并配有镜子，基本也足够业主使用。

4. 有的业主会考虑增加衣柜的抽屉，以提升分门别类的存放功能。如一些面积较小的整体衣柜，有的业主想装 4 ～ 6 个抽屉。目前整体衣柜抽屉的单价在 160 ～ 220 元，抽屉越多，费用也跟着水涨船高。通常情况下，衣柜的抽屉只需 2 ～ 3 个即可，因此建议业主注意适量安装。

5. 不少业主认为，衣柜的层板越多越实用，于是本来仅需几块板，几个隔层就足够使用的，非得把数量增加到一倍以上。定制衣柜的小板单价在 70 ～ 80 元／块，大板需 200 元／块左右，层板越多，价位越高。通常情况下衣柜需小板 4 ～ 6 块，大板 3 ～ 4 块即可。

如何设计橱柜更省钱

橱柜公司一般都会按米计算价格，材料不同，橱柜价格也不同，每米一千多元到几千元不等，还会按吊柜、台面、地柜的比例分别计算它们的价格。业主想要从中省下一些费用，就要注意：

1. 做整体橱柜时，要根据自己的实际需求确定地柜与吊柜的长度。不少家庭会根据厨房面积来做吊柜，结果有些吊柜根本用不上。建议业主事先盘算一下自己的厨房用品，橱柜的大小能满足需要就行了。

2. 橱柜顶端与厨房天花会有一段距离，橱柜公司往

往往会要求业主用封板将这些空间封起来，理由是更加美观卫生。实际上，将这段距离封闭起来会影响厨房的通风。因此，业主可以自己选择是否做上封板。

为什么橱柜和台面分开购买更省钱

目前大多数橱柜商家只生产橱柜，而台面都是交给人造石加工厂做的，加工台面的设备要求不高，关键是台面师傅的工艺水平和安装细心度。一般加工厂只赚取加工费用，大部分利润被橱柜商拿走，所以业主从橱柜商家定制的橱柜台面价格较高。

建议业主可以考虑把台面和橱柜分开做。用到人造石或石英石的地方都可以找人造石加工厂做，比如人造石吧台，人造石桌面，水晶石桌面，人造石洗脸台，人造石窗台等。至于如何找到人造石加工厂，可以通过亲朋介绍或者上网搜寻的方式，货比三家不上当。

橱柜背后不贴砖省钱的做法正确吗

橱柜后面的墙面被遮挡，完全看不到，如果厨房的瓷砖买的档次比较高，为了避免浪费，可以选择不在橱柜的后面铺设墙砖，或者也可以选用价格便宜的墙砖来进行铺设。但如果橱柜后面不贴砖，也需要用水泥砂浆将其抹平，与其他墙砖表面保持在一个水平面上。保证墙面无缝可钻，避免小虫骚扰橱柜。此外，需要注意的是一定要把尺寸留好，万一尺寸不准确，橱柜装好后会露出水泥墙面，这样就会显得难看。

选择怎么样的施工队伍可以省钱

1. 选择有实力的施工队伍。这些施工队伍，在施工过程中会比较仔细认真，做出来的装修效果较好，很大程度上可以避免因为施工不合格导致的二次返工。尽管这样的施工队伍在施工费用上会略高一些，但总要比二次返工的花费要低。

2. 不要由业主亲自找施工队或熟人装修。这样可能表面比较省钱，但是实际上并不能做到经济实惠，还可能由于错误的选择而造成更大的经济损失。

3．不要找新开张的装饰公司，因为不成熟的公司很可能会由于自身的失误而导致经济损失，这些损失最终会转嫁到业主身上。

4．不要选择报价较低的装修游击队，因为没有工程质量管理与监督，很容易因为工艺不达标而返工，这样就会造成材料和人工的双重浪费。

水电改造中的哪些项目可以省钱

水电改造是既该省钱也该花钱的项目，该不该省是相对各家情况而言的。对于装修工人而言，水电改造是最挣钱的部分，也有业主担心太过于省钱的话工人会偷工减料，毕竟如果隐蔽工程出现问题，会有无穷无尽的麻烦。业主们想要省钱又保证工程质量，就要注意以下几方面：

1．能走直线的地方绝对不拐弯，电路还好，水路拐弯的拐角管子是很贵的。

2．能走明线的地方绝对不走暗线，能明暗结合的地方也不走暗线，因为开槽是一笔不小的费用。

3．既能通走明线也能走暗线的地方要算一算哪种方法更便宜。

4．弱电改造时，能利用现有管路的地方决不重新走线。

5．在必要的位置安装双控开关，但是不要装太多。

认识这些错误的做法
让装修不留小遗憾

家装是一门遗憾的艺术，
总是能听到身边的亲朋好友对自家装修的抱怨。
如何才能在装修过程中少走弯路？
本篇列举了家装的一些常犯错误，
提醒菜鸟装修业主避免犯错。

🏠 装修最容易犯哪些错误

知识落后：装修是一个知识更新很快的行业，装修材料、施工方法、设计理念、流行风格等都不断推陈出新。如果不能及时更新相关知识，就很容易造成已有知识的落后与陈旧。

固执己见：有时设计师和装修工人会根据实际情况给出意见和建议，但有不少业主因为有一定的装修经验就不愿意听取别人的建议。实际上，比较明智的做法是提出自己的建议，并根据设计师的意见对设计、工序、施工方案等进行改进和细化。只有多听取别人的意见和建议，才能达到最佳效果。

装修方式不合理：大部分业主都倾向于选择包清工的方式进行装修，以此来节省费用。但实际上，很多业主都工作繁忙，没有大量空余的时间和精力来配合采购装修材料、监督施工进度。所以，即使有些业主具备比较完善的装修知识也不推荐此类装修方式。

🏠 为什么装修过度砍价会适得其反

业主在和装修公司谈判的时候，不要进行过分的砍价。砍价前应该对每个项目，合格工程的最低价格有大概的了解，砍价也不宜砍得太低，适中就可以。装修是先定价格再施工，如果砍价太低，装修公司又舍不得丢了这个单，就很可能忍痛接了活儿但在装修过程中再想尽办法找回利益。所以，和装修公司砍价一定要适可而止，而且，砍价前一定要约定好所有工序的工艺和用料，砍价后也要确认工艺和用料标准没有降低。

频繁改变装修设计方案会有哪些弊端

业主们在装修之前要做足功课，认真考虑最适合的装修方案。好的设计方案数不胜数，很容易让人眼花缭乱，但是该取舍的时候就不能犹豫。有些业主对装修的前期规划不全面，每个方案都觉得不错，都想据为己用，就天天改动方案。这样不仅误工、费料、费时，而且还会与施工单位不断产生矛盾。因此，建议业主们在方案实施之前拿定主意，如果要在方案开始实施后改动，则务必与施工队办好洽商手续，避免纠纷。

如何避免居室配色出现错误

居室装修中最常犯的配色错误是——缺乏明确的诉求。当你进入到这个空间中，始终无法明确感受到这里的主导色彩印象，不知道这个配色到底想传达什么样的情绪。这往往是因为配色开始的时候，没有确定空间的色彩主旨，没有定下来要表达的是什么。

避免这种错误的方法很简单，就是从思考配色的开始，便将空间的情绪诉求确定下来。就算空间中已经有了不可变更的色彩，比如墙面已经涂刷了颜色，那也要以此为基础，看看这个颜色适合与哪些颜色搭配，并能营造出什么样的氛围。从这些思考中，选出一条喜爱的色彩印象，并照此去执行，在有了这个主导印象的基础上，通过小面积物品的颜色变化，组合进来其他次要的色彩印象也是可行的。当然不做添加也会很完美。

完工后立刻付掉全部工程款的做法正确吗

许多业主在装修结束后，一看表面没有问题就立刻付清工程款，这样做并不明智。装修结束初期，表面很难看出工程有什么瑕疵，只有住久了才能发现材料、施工质量等问题。如果此时业主没有付清工程款，施工单位就会应约前来维修。或者，业主也可以从余款中支钱请人维修。因此，业主要在施工前与施工单位签好合同，工程款要根据装修进度一笔一笔支付，并在完工后留下一笔余款作为质量保证金，以保障房屋装修质量。

使用装修游击队通常会出现哪些问题

1. 很多家装游击队在为业主选购装修材料时，往往会采购品质、级别较低的材料，之后向业主瞒报采购支出，以此来获得较高的利润。这对于缺乏装修经验、建材知识的业主具有很强的杀伤力。

2. 很多家装游击队在装修施工时，都会在工地使用高功率电器烧水、做饭、抽烟、喝酒甚至在房间内居住，这无疑为施工现场的卫生及安全埋下很多隐患。另外，由于管理不严，施工材料丢失的现象也时有发生。

3. 虽然有一些业主在结算装修费用时会扣除一部分装修费用来约束家装游击队，但是往往在签订合同时，这部分保修押金就被家装游击队设定为"预损项目"而准备放弃，所以无法起到明显的效果。因此，家装游击队的后续服务（主要指维修、维护等）缺失一直是困扰业主的大问题。

二手房局部翻新比全部装修简单的说法正确吗

有的业主只想更换橱柜，或给墙面换个颜色，比整体装修简单得多，却找不着愿意接活的品牌装饰公司。实际上，局部"美容"比整体装修更麻烦。

1. 在一个已经装修完毕，有不少"障碍物"的空间施工肯定比在一个什么都没有的屋子施工难度大。

2. 施工时要顾及家中其他区域和物品，工人失手碰坏贵重物品的话就得不偿失了。

3. 有时候，装修时业主还住在屋里，容易造成责任界定不清的问题。

4. 局部翻新很有可能带来连锁反应，例如改动了卫生间，原来的防水层就可能被破坏了，就要重做。

🏠 选择清包的装修方式一定能省钱吗

不少业主都认为清包装修可以省钱，实际上并不全是这样的，有以下几方面要注意：

1. 业主购买装修材料需要花费很多精力和时间，如果购买不及时，还容易误工。

2. 自己雇车运材料，不仅运费高，而且车的利用率较低。

3. 如果业主不是专业人士，往往对如何挑选装修材料一知半解，对装修材料的质地、用途了解甚少，容易买到质次价高的装修材料，不能保证材料的质量。

4. 业主自主购材属于零售，因为所购材料数量少，所以不能享受商家提供的批发价，往往价格较高。

5. 一旦家装工程出现质量问题，很难界定究竟是装修工艺的问题还是装修材料的质量问题，容易引起纠纷。

6. 业主自主购材，工人在施工中容易出现浪费的现象。剩下的装修材料，业主也没法处理，还是浪费。

🏠 装修哪些地方过于省钱会出现隐患

虽然业主们在装修时都希望尽可能地节省预算，但是有些方面是不能省钱的，这样才能避免装修后的不便，避免埋下安全隐患，比如：

用电安全：所有电线、辅料必须采用合格产品，插座、开关必须来自正规厂家，配电箱一定要安装漏电保护器，并由专业电工施工。这样才能保障用电的正常和生命财产安全。

水管及配件：像水管、阀门、水龙头这些天天都要用到的东西，如果一旦坏了，不仅会造成自己家的经济损失，还会给左邻右舍造成不便。

五金配件：门锁要开关自由，弹簧弹力要好，否则可能造成有门难进的尴尬局面；抽屉导轨的质量要好，确保能灵活地拉动抽屉；拉手质量也不能忽视，不能不牢靠或容易褪色；家具柜门不要使用合页，应用名牌铰链。

粘贴材料：要用心选择装饰粘贴材料，比如乳胶、玻璃胶、水泥、快干胶等。作为家具柜门骨架的九夹板，必须要优质，才能保证柜门不变形。

装修应该避免哪些浪费现象

板材浪费：裁切时不做整体规划，造成大块的板材白白浪费。

墙地砖浪费：贴边角部位时，切割剩余的尺寸足够使用却又不用，把整块的砖切割开来使用。

地板浪费：铺地板前不挑拣，容易造成色差明显，甚至将有疤结的地板铺在显眼处等问题，结果还要重新购买。

油漆、涂料浪费：收工时不盖好封严，造成材料干结，无法使用。

刷子浪费：用完不及时清洁，造成报废。

团购建材应该避免哪些问题

1. 不管自身资质，只管团购组织。目前团购组织者有专业的家居装修网站、地方门户网站、一般的团购网站，甚至还有一些家居建材经销商，不管自身的资质以及有没有组织团购的经验，只管组织，只管拉商家加入他们。

2. 承诺最低价，实为小折扣。很多参加过家居团购的业主都有这样的经历：团购会上经历了所谓"刀刀见血"的砍价，享受到了"空前绝后的最低折扣"，到后来才发现，不参加团购，直接到店里与经销商讨价还价，照样可以享受到这样的折扣，甚至比团购的价格更低。

3. 团购结束后，服务无保障。在一些团购会，业主确实可以享受到真实的折扣，但是团购会结束后，承诺的实惠往往被打折："不能购买与订单上一模一样的产品""折扣商品限量销售""产品出现质量问题无人管"……这些随着团购会的结束而结束的售后保障，让广大业主懊恼不已。

购买室内门应该避免哪些错误认识

1. 买木门一定买纯实木的。装修时，量体裁衣，理智消费，适合自己的才是最好的。如果重材质，喜好纯实木的质感且经济宽裕，那不妨采购实木门。但如果更注重与整体家装风格搭配并希望性价比高，实木复合门是最佳之选。实木复合门可称为实木造型门，相比实木门，它的造型更丰富多样。

2. 拥有隐形合页的内门更美观。内门的五金件中，不少业主大多更关心门把手是否美观，握力是否舒适，是否坚固耐用，却忽略了合页的质量和稳定性。尤其当商家以美观的名义将合页隐藏在门扇内部，业主看不见又摸不着，这不仅为一些商家"品牌包装"创造了便利条件，也为以后的使用埋下了安全隐患。因为合页在门扇内部，若在使用过程中发生也断裂不易察觉，意外发生时，整扇门板将会倒地。因此，业主挑选内门时，在考虑大品牌的前提下，尽量选择外露合页，可省去一些不必要的麻烦。

墙砖和地砖互用的做法正确吗

有些业主为了节省预算，就将釉面的墙砖铺在地面，这就忽略了产品的性能。不同的瓷砖，它们的理化性能是不一样的：墙砖的吸水率和地砖的吸水率不一样，墙砖吸水率较高；墙砖与地砖的抗折强度不一样；内墙砖和外墙砖的抗冻性能不一样。

因此，要按照包装箱或者厂家的说明来操作，在控制预算的同时兼顾瓷砖的性能。一般情况下，地砖可以做墙砖用，但普通的釉面地砖除外，外墙砖可以做内墙砖用，但内墙砖绝对不能做外墙砖用。

瓷砖越厚越结实的说法正确吗

不少业主认为瓷砖越厚越结实，这是选购瓷砖的一大误区。实际上，瓷砖的结实程度与厚薄并不一定成正比，厚度也不影响瓷砖的使用功能。有些薄板尽管厚度只有5mm甚至更薄，但物理性能并不差，而且韧度甚至还更强于一般陶瓷砖。瓷砖是否结实主要取决于它的硬度，而硬度则直接受到密度的影响。因此，瓷砖并不是越厚硬度越大，而是在体积相同的情况下，瓷砖重量越大硬度越大，也就越结实。建议业主在挑选时，将瓷砖斜放，站上一人，看瓷砖能否承受，如果出现断裂或者有变形，则表明瓷砖不够结实。

瓷砖规格越大越好的说法正确吗

很多业主都认为，瓷砖的规格越大，接缝越少，装修起来的整体效果就越好，显得越大气。

1. 实际选择瓷砖时，必须考虑房屋实际空间的大小，不能盲目选择大规格瓷砖。

2. 还要考虑实际可视空间的大小。如果瓷砖规格与房屋大小不匹配，视觉上并不会产生美感。一般情况下，铺贴面积小于5平方米的空间，选择单边长度不超过300毫米的瓷砖；面积较大的墙面选择单边长度不超过600毫米的瓷砖。

比预算多买一些瓷砖的做法正确吗

比预算多购买一些瓷砖是可以的，因为在装修中会有以下几种情况：

误差： 施工前的测量可能会出现一些误差，所以要稍微多买一些以防万一，不过如果可能的话最好要能与商家沟通好退货问题，以免出现的误差较小而浪费。

耗损： 施工过程中还会产生一些难以避免的耗损，如果不够再去买不仅可能会产生色差，还会耽误工期，所以建议业主还是要多买一些，一般墙砖、地砖都以多出铺贴总面积的 5% ~ 8% 为宜，并且如果购买品牌产品则不必担心退货问题。

为什么购买电线水管不能图便宜

在装修时，电线、水管是必不可少的一项开支，一些工薪阶层的业主往往会为了节省而只关注价格，忽略了产品质量，这是得不偿失的。如果电线、水管的质量不达标，用劣质产品草草了事，或深埋于地下，或遮挡进墙壁，都会为日后的生活带来极大的安全隐患。所以即便是工薪阶层也不能降低购买电线和水管的标准，应该尽量购买高质量的产品。另外，对水路、电路的改造图纸也不能省，一旦房屋需要翻新，这些图纸就可以起到避免毁坏电线和水管的作用。

水电改造中的哪些项目不能省

1. 吊顶该做就做，留线时不要节省，该留的灯一定要留，要分开控制的就必须分开控制，日后使用起来会方便很多。
2. 适当重视弱电改造。
3. 要加双控的灯一定要加上，虽然可以通过遥控灯来控制，但是遥控灯不仅容易坏，而且款式也受限制。
4. 留足各个房间的插座，特别是厨房和卫生间，免得以后家里到处都是接线板。
5. 有的业主将卫生间改造成为衣帽间或储藏室，这种情况该走的水电路也一定要走到，以免日后需要改回卫生间时要全部重新装修。

为什么厨房的五金和台面不能省

如果想降低橱柜预算，千万不要在五金件和台面上动脑筋。因为这两个位置是整个橱柜中使用频率最高的，特别是五金件部分，质量好的五金件可以使用 10 年，而质量差的五金件一两年可能就需要更换维修。

在台面部分，质量好的石英石台面可以抵御厨房酸碱性物质的渗透和高温等，使用寿命更长。而劣质人造石台面虽然价格便宜，但用不了多久就可能出现开裂、变形等问题，需要维修更换。

相比之下，橱柜门板部分的预算是有办法节约的。业主可以尽量采用耐磨板、三聚氰胺板这类造价低廉、结实耐用、容易打理的材料，而绕开烤漆、吸塑、实木等以装饰效果为主、价格偏高的产品。

🏠 砖砌橱柜可以节省费用吗

砖砌橱柜如果要达到理想的风格和效果，成本并不会比成品橱柜低。

首先，能够与砖砌橱柜搭配使用的瓷砖价格较高。

其次，砖砌橱柜需要现场施工，人工费较高。

再次，考虑到外观和承重问题，砖砌橱柜的吊柜需要单独定制。

最后，为了储物方便，砖砌橱柜还要打上柜体、柜门和抽屉等。

🏠 如何避免开关插座被遮挡

开关和插座安装得好与坏，会直接影响日常生活。有些业主误将客厅照明灯的开关安装到了大门背后，回家时都要先关门才能开灯，还有的业主将插座安装到了家具后面，这样不仅影响使用，还会存安全隐患。

1. 进门开关应该装在开门方向的相反一侧，例如门向左开，开关就装在右边。

2. 插座被家具挡住，主要是因为家具过高或过宽。因此，做水电安装时就要为家具预留足够的空间，这样才不会造成插座被遮挡的问题。

🏠 如何避免卫浴间的插座无遮挡

有些业主会忽略卫浴间插座的防水问题，这是非常危险的。由于卫浴间内的湿度很大，在安装插座时一定要注意防水防潮，否则会留下很大的安全隐患，如果不小心将水溅到插座上，后果不堪设想。因此，建议业主装修卫浴间时选用带防溅盖的插座，如果已经安装了普通插座，可以在插座外加上防溅盖，同样可以起到防水的作用。

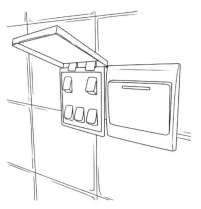

🏠 盲目选择开放式厨房有哪些弊端

现在不少业主喜欢仿效国外的设计，将厨房设计成餐厨一体化，甚至是餐厨客一体化。这种厨房设计虽然比较人性化，能够让主妇们在厨房操劳时感受到家人目光与陪伴。但是，考虑到国内的饮食习惯，要慎用这样的设计，尤其是喜欢在家烹饪的业主。如果坚持要将厨房与餐厅融合在一起，不妨将这个设计进行适度改良：用玻璃材质将厨房隔开，这样既不阻隔视线，又可以阻隔油烟向外飘散。

🏠 清除装修污染有哪些错误认识

所有业主在装修完成后都要进行清除装修污染的步骤，这个阶段很容易造成以下误区：

1. 有不少业主用熏蒸食醋去除装修后的异味。实际上，食醋属于酸性物质，有微弱中和空气中氨气的作用，但不会和甲醛等其他有害成分发生反应，所以不会起到太大的作用。

2. 一些观赏植物确实可以吸收某些有毒气体，如能吸收甲醛的植物有仙人掌、芦荟、常春藤、铁树、菊花等，且常春藤、铁树、菊花这三种花卉都能吸收苯，但作用相当有限。装修结束后，有害气体密集散发，这时植物不但不能清除污染，甚至难以自保。

3. 有些业主会在房间内放置干茶根，希望帮助清除毒气。实际上，对于清除异味而言，干茶根没有任何作用。

4. 把"臭氧发生器"作为空气净化装置，是更大的误区。臭氧虽具有灭菌和消毒作用，但同时也对人体有害。

5. 通风是基本的环保措施，对室内污染有一定的改善作用。但多数有害物质释放缓慢，有些甚至长达 3 ~ 15 年，绝非几个月通风换气就能解决的。

🏠 卫浴间设计有哪些常见的错误

1. 空间分割不合理。干湿分开的卫浴间是最好用、最容易清洁打理的。实际装修中，有一些明明具备分割条件的卫浴间却为了追求空间感而放弃了合理分割空间，或者在设计上想当然地分割空间，忽视分割的合理性。

2. 破坏空气畅通性。很多明厨明卫的设计不但提高了使用舒适度，而且对使用者的身体健康也大有好处。但很多家庭在对卫浴空间进行装修时，由于空间设计的不合理，破坏了原本通畅的空气流动性。

3. 水电位置过近。不少卫浴间在进行水电改造时，虽然工序合理、施工质量较高，但却忽视了水电出口应该保持一定的距离，造成了水流区与电路面板或电器设备距离过近的现象，这样就为卫浴间的使用埋下了安全隐患。

🏠 乳胶漆多刷几遍颜色就一定深吗

大部分业主都会认为深色涂料涂刷的遍数越多，颜色就会越深，实际上这是不正确的。

1. 深色涂料即使是涂刷十几遍，颜色也不会更深。

2. 深色涂料中的钛白粉含量较低，覆盖力较弱，可比
   浅色涂料适当多刷几遍，但控制在 5 ~ 6 遍就可
   以了。

3. 涂刷次数太多，会增加墙面涂料的厚度，反而容易
   导致表面开裂等弊端。

乳胶漆涂刷次数越多越容易掉漆吗

  部分业主会认为涂刷墙面的次数越多，墙面漆膜就会越厚，就越容易掉漆。实际上，是否掉漆与涂刷遍数并没有直接的关系，而是受室内湿度的影响。如果使用的是优质涂料，那么即便涂刷十几二十遍，也不会有掉漆的问题，只有腻子受潮疏松了才可能会导致墙面掉漆。但是，若腻子受潮疏松了，只涂刷 1 ~ 2 遍漆面也会掉落。通常，普通墙面建议刷一遍底漆、两遍面漆，深色漆可多刷几遍。

绕开陷阱
装修不做冤大头

"装修一次脱层皮"这句话被常常用来形容家装的辛苦。
如果在辛苦的同时又遇上装修陷阱，就更是苦不堪言了。
本篇把装修过程中遇到的种种"猫腻"以及破解之道公之于众，
使业主尽可能避免上当。

🏠 所谓的"低价装修"有什么猫腻

不少业主仅仅是比对各家公司报价单的价格，而忽略了材料与装修质量等问题。一些不诚信的家装公司给的预算是不透明的，先利用低价吸引业主，然后在装修过程中逐渐增项。例如，有的装修公司会采用分项计价的方式：将墙面涂料拆成墙面清理、刮腻子、磨平、再涂料，或者将水管安装拆成暗埋管道、水龙头、热水管、冷水管等。这样一来，实际价格会远远超过预算，让业主蒙受损失。而正规装修公司提供的装修预算资料应该包括：详细说明所有项目的制作方法，不使用含糊不清的字眼；标明所有材料的品牌、规格、型号、厂家等；详细列出所有材料的单价、用量、面积、总价等。业主在看报价单时要注意上述问题。

🏠 为什么要留意合同中出现"按实际发生计算"的描述

与装修公司签订合同前，应该要求装修公司尽量详细地在报价单中标明每个项目的具体工程量，特别是在水电路改造这样的项目中，特别要避免装修公司使用"按实际发生算"这样模糊的描述。

一般业主不会忘记在附件中约定一些材料的品牌和品质等级型号等内容，但注意的都是水泥、乳胶漆、大芯板等主材，而常疏忽辅料比如白乳胶、烯料、勾缝剂之类的建材。其实，辅料这些东西非常影响装修工程的环保性，无论用了多好的大芯板，如果所用的白乳胶是不环保的，那么完工后的家具一定是不环保的，其污染性是超乎想象的，所以在签订合同时一定要对工地所用的这些辅料的品牌及型号加以限定。

🏠 签合同不细致会造成哪些损失

部分业主在与装饰公司发生纠纷后，才发现当初没有留意装修合同就草率签字了，这时业主往往处在非常被动的位置。比如，原本正规的家装工程合同中应该写明"装饰公司每延误工期一天，就要被扣除工程总造价的 3%"，结果被装饰公司改成了"违约赔付甲方 3% 元"，省略了"工程总造价"这五个字，因此装饰公司每误工一天只需赔偿业主 3 分钱。这样即便装饰公司已无故拖延工期达半年以上，业主的合法权益仍得不到保障，合同可谓一字千金，业主一定要慎之又慎。

🏠 如何避免装修留假尾款的陷阱

有些家装公司针对部分要留尾款的业主提高合同价格，然后把提高的部分作为尾款，如果有问题他们就会放弃尾款，如果没有问题就当作是一笔意外的收入。而且有纠纷以后业主往往拒绝支付尾款，这恰恰成了家装公司逃避保修责任的借口。所以业主一定要搞清楚家装公司留的是真尾款还是假尾款，具体办法就是先不要提尾款的事情，等预算全部谈好并确定下来准备签合同时最后提尾款的事情，不要给对方任何加预算的机会，如果他们最后死活不同意留尾款，也许就应该换一家公司装修了。

🏠 为什么盲目相信样板间的做法不可取

有些业主在免费参观了家装公司的样板间后觉得很满意，就当场草率地签合同了，以至于最后装修完成的效果与期望的相差甚远。所以，业主在选择家装公司时，既要看样板间，更要重视查看工地。首先，要看正在施工的工地，方便了解材料、半成品以及公司的管理水平、工人素质；其次，要看即将交工的工地，可以看出家装公司的一般水平，就不难看出工地与样板间的差距。

🏠 为什么不能轻信装修效果图的诱惑

不少装修公司的设计师们只要有客户上门，就会拿出一大堆室内设计的平面图、立体图和效果图，甚至还会运用多媒体软件展示装修完毕后的新居三维立体效果。业主们看过之后往往都十分心动，甚至可能当场付钱。实际上，装修效果图是不可轻信的，因为它的真实性、可操作性都有待实际施工的检验。设计公司为了制作出最佳的效果，往往会采用各种技术手段。例如，一间四五平方米的卫生间，可以显得宽敞无比、气派非凡，是由于在拍摄样图时使用了广角镜头，与真实的视觉效果相差很多。此外，效果图上展现的灯光、色调等都是利用专业电脑软件反复修饰而成的，与自然条件下的实际效果常常相去甚远。

🏠 "免费设计"有哪些陷阱

"免费设计"其实并非真的免费，只不过是一个用来招揽装修业主的商业手段。虽然大多数装修公司都说免费设计，具体的方式有所不同：有的装修公司免费为业主提供平面布局的设计方案，但是业主只能在公司办公地点阅读，而不能将方案拿走，如果要拿走就要先签订合同；有的装修公司虽然提出免收设计费，但设计的方案在电脑里，只能在公司观看，要想出图纸，也必须先签好合同、交定金；还有的装修公司将家装设计分为前期和后期两部分，前期设计主要是由设计师设计的平面图、立面图等，是免费的，主要让业主看出设计师的设计构思和实力，作为一个选择的参考。而后期的设计则是费时耗力、成本较高的细节设计，包括施工设计图、水电图等，作为各个具体施工环节的指导图纸，但是必须等到签好装修合同后才可以看到。无论是怎样一种形式，免费设计都只是一个噱头，设计师的劳动肯定是有报酬的，只不过把设计费变成隐性费用包含在报价中了，一般设计师拿到的薪水和提成约是总设计报价的 3% ~ 5%。

🏠 如何避免设计误导让设计方案更合理

1. 有些设计师会挑出很多房屋结构的问题，为大量制作现场木工做准备。通常都会误导业主先砸墙再砌墙，进行结构上的大改造，人为制造一些凹型墙，使业主无法使用市场上固定尺寸的成品衣柜、书柜，最后只能由装修公司现场制作。相对于家具市场上制作精美的成品家具而言，这些使用最基础的木工设备现场粗制滥造的柜子，在质量、款式、价格等方面都没有丝毫优势。

2. 不少装修设计单位会利用部分业主装修要一步到位的错误观念，在设计方案上大做文章。例如，有些设计师会故意增加装修项目，在不需要的地方加个柜子、吊顶，或者在不该凿墙的地方硬生生地凿出一个洞。这种为了装饰而装饰的设计，使装修报价不断抬高，而设计师的提成自然也是水涨船高。

与设计师私下签约的做法正确吗

有些设计师会劝说装修业主与之签订个人协议，并且保证工程质量，价格比装修公司更优惠。很多业主也会有这样的心理：设计师、施工队都是公司的，这样签单与和公司签单没有什么两样，还省了一笔钱，何乐而不为呢？

其实不然，与设计师签单，表面上看似省了钱，实际上却失去了公司的品牌与管理服务给家装工程的保障。而设计师冒着风险签黑单，一定想多赚钱，施工队也无人监督，这样在施工中偷工减料、以次充好、蒙骗业主的行为就在所难免。针对这类问题业主应当提高警惕，在装修设计时不能图便宜、怕麻烦，应与正规的家装公司签订合同。

套餐装修的报价存在哪些常见陷阱

1. 不按实际装修面积计算：套餐报价喜欢在面积上做手脚，不按照套内实际装修面积来收费，而是按套内面积加外墙面积或建筑面积收费，给业主低价的假象。

2. 决算价远远高于套餐价：套餐报价都是不包含施工项目和装修材料的，对套餐之外的装修项目要另外收费，并且普遍高于市场价格。通常套餐报价越低，最后增加的费用就越多。

3. 报价材料具有欺骗性：套餐报价会使用名牌产品来吸引业主，但是普通业主是不懂鉴别材料质量的，实际施工时就使用名牌低档货充数。

4. 不详细说明设计和预算方案等情况：凡是用套餐形式装修均不出示设计图纸和预算方案，不出示做某项工程的单价及工程量，这样都容易在实际装修中产生问题。

低价装修材料有哪些常见缺陷

1. 大多数低价装修材料都是小作坊产品，存在管理松散、工人素质低、生产设备老化等问题，制作工艺、产品质量都无法与品牌材料相比。例如，卫生间浴柜的低价产品大都简单粗糙、五金件质量差，下水管甚至无防臭设计，最后只能更换。

2. 低价装修材料之所以依然可以盈利，最主要的原因就是选用级别较低的材料进行生产，从而大大降低生产成本。因此，低价装修材料可能连最基本的使用效果也无法保证，更不用说环保标准。

3. 通常低价装修材料都没有售后保障，一旦出现质量问题，业主根本无法通过正常途径获得退、换、保修、维修等服务。

团购装修材料会有哪些陷阱

有些商家平时抬高价格，团购时大幅度降价，吸引业主的注意力提高成交率；有些商家在团购活动中，拿出来的降价产品限量销售，为的是吸引业主到他们店里购买其他产品；有的商家拿出库存积压的滞销产品或样品，大幅度降价甩卖；有的甚至专门生产针对团购活动的低价低质量产品对付业主。此外，还有一些业主在团购装修材料时往往只注意材料本身的价格，而忽视了附加服务的价格。商家就抓住了这种心理，将材料本身的价格压低，一旦业主们缴纳了定金，商家就会以各种名义收取附加服务费，如"加急费""送货费""安装费"等，最后计算总价甚至会远远超过市场价。

🏠 自己购买装修材料注意哪些陷阱

自购材料时，业主要注意虚假折扣和降级销售等问题。很多材料商户都会准备两份报价单，对于不懂行情的业主就使用高价的报价单，之后再通过较高的折扣促成交易。对于这种陷阱，业主应该事先了解相关材料的品牌、规格与价位，对市场价格心中有数才不会落入虚假折扣的骗局。如果没有专业人士陪同，很多业主都不能辨别材料的质量与等级，因此就让商户有机可乘。很多材料商户在展厅中展示高质量的合格产品，而送到业主家中的却是质量较差的二等品甚至次品。建议业主在购买材料时，要求商家将材料的质量级别写入合同，并在送达后请专业人员当面验收，确认无误之后再付清余款，这样通常可以规避降级销售的陷阱。

🏠 带着木工买装修材料的做法可行吗

通常木工在家装市场都有关系密切的商家，如果需要购买材料都会把业主介绍到相熟的商家，只要买卖成交，木工就会得到回扣。有些警惕性高的业主会让木工推荐商户，然后自己去买，可有时木工会私下联系该商户说明客户是自己推荐的，仍然可以拿到回扣。建议业主装修时，分别找两批木工进行预算，要求其报出需要的木料种类和数量，照其中数量较少的购买。另外，购买时并不一定要有木工陪同，业主可以自己多走一些商店，货比三家，然后和店主砍价。

🏠 如何避免绿色材料滥竽充数的陷阱

一些商家会在宣传材料以及样品的显著位置标明"绿色环保材料""绿色材料"字样，但却不能说明这些环保标志是得到哪方面权威部门认证。甚至，一些商家仅达到国标就吹嘘自己是绿色产品，国家标准只是室内装饰装修材料进入市场的准入标准，而绿色环保产品的要求更高，只有中国环境标志产品认证委员会颁发的带有"十环"

标志的产品才能称为绿色产品。绿化环保标准的要求相当严格，目前家装市场上真正的绿色环保产品并不多，很多冠以"绿色""环保"标志的产品都是滥竽充数，业主在选购时要谨慎。

选择装修公司的专用材料就不会花冤枉钱吗

有些工作较忙的业主会与装修公司约定，由自己指定主要材料的品牌与价位，次要材料由装修公司负责采购，认为这样就不会花冤枉钱，但通常结果都会出乎业主意料。因为不少家装公司标注的材料价格都高过市场价。这些价格虚高的材料多数贴着某某装饰公司专用的招牌，而实际上就是市场上最常见的材料。由于多数业主不熟悉装修材料，又信任知名度高的品牌装饰公司，对于专用材料就更不会怀疑质量与价格了。目前，市场上所有的材料产品多少都有回扣，并且已经在材料商、装饰公司、施工工人三者间达成共识。贴上专用的标签，只是为了使产品的价格缺乏可比性，让业主无法在市场上对比这些材料的价格。因此，无论选购主材还是辅助材料，业主都不要只看装修公司的报价，应该多到市场上调查了解，看看同品牌、同材质的产品价格与装修公司的定价有无差别。

选择半包装修的方式要注意哪些陷阱

1. 按照正规流程，半包装修合同中会明确体现以下内容，并在预算中列出明细。内容包括：墙体、屋顶、地面施工前情况；是否需要进行改造、加工；哪些部分需要进行防水、瓷砖铺贴、地板铺设；二手房墙体铺设绷带、挂网处理。一些不良装修公司和装修游击队，通常会在装修前隐瞒屋顶、墙体存在的问题，从而降低报价吸引业主。在签订合同并且收到部分合同款后，再提出这些问题进行再次收费。

2. 装修造型设计部分也是陷阱频出的环节。由于存在设计费用，无法像其他部分一样根据材料、工时简单地累加。在这阶段防止陷阱的最好方法就是要求装修公司列出造型费用明细，并且出示标准的施工图纸。此外，还要在合同中约定计量单位、单价、材质等。根据图纸和这些标准，业主可以明确地了解施工材料及用料数量。

3. 水电改造当心以次充好。水电路改造的材质差价非常大，100平方米左右的房间，通过以次充好的方法，可获几千元的利益。业主在这个环节一定要约定好材料的品牌、型号，并监督施工人员严格按照规定方式施工。

🏠 购买装修板材避免哪些陷阱

1. 切边整齐光滑的板材一定不错。其实越是这样的板材业主越得小心，切边是机器锯开时产生的，好的板材一般并不需要再加工，往往有不少毛茬儿。可是质量有问题的板材因其内部尽是空芯、黑芯，所以加工者会着意打扮它，在切边处再贴上一道好看的木料，并且打磨光滑齐整，以迷惑业主，所以一定不能以此为标准来衡量孰好孰坏。

2. 3A级是最好的。其实，国家标准中根本没有3A级，这不过是商家或企业的个人行为，无法保证质量。目前市场上已经不允许出现该字样，检测合格的木材会标有优等品、一等品及合格品。

3. 板材越重越好。这种说法是绝对不正确的，内行人买板材一看干燥度，二看拼接。干燥度好的板材相对很轻，而且不会出现裂纹，很平整。对于外行的业主来说，最保险的方法就是到可靠的材料市场，购买一些知名品牌的板材。

🏠 购买水晶灯注意哪些陷阱

不要以为水晶灯饰就是全部采用天然的水晶来制作的，市场上也有很多出售人造水晶的，这种水晶是一种仿水晶，不过做出来也非常的漂亮，价格方面会相对便宜一些。有些商家为了赚钱，会忽悠业主是天然的水晶所制成的，其实并非如此，在使用的过程中，仿制的人造水晶可能会出现变色变黄的情况。

一般情况下，水晶灯分为国产的和进口的两种。国产的价格要低一些，当然在质量上也会差一些，包括水晶灯的款式和亮度也会比进口的差。不过进口的水晶也有讲究，大部分是以埃及进口水晶为主的，在色泽和亮度上都会显得漂亮很多，质量也非常的好，但是价格自然也很高，一般在挑选时，要谨防一些不法商家将劣质的国产水晶当成进口的水晶来忽悠我们，花大的价格却买到物有所值的东西。

购买墙纸注意哪些陷阱

1. 国际品牌的误区。一些商家并没有真正的品牌价值，只是简单地把普通的贸易品牌行为美名为国际品牌行为，却常常夸大宣传，骗业主上当。

2. 国产货称为进口品。一些国产小厂家所生产的产品没有中文标识，只有一些英文名称，被一些不法商家利用，欺瞒业主其为进口产品，从而牟取暴利。

3. 以次充好。很多国产小厂家自身没有设计开发能力，却专门模仿进口产品，骗业主说是进口商品，由于外观上做得很像，业主很容易上当受骗。

4. 设计师回扣问题。有些商家利用设计师搭配家居颜色和花色的机会，给设计师回扣，而故意把价格标得很高，坑害业主。

购买涂料注意哪些陷阱

1. 很多高质量的涂料都带有比国家标准更严格的绿色产品认证标志，以表明自己的产品更环保、更关注使用者的身体健康。但是一些中、小企业只达到了国标，也会声称自己的是绿色产品，这是比较常见的欺骗行为。

2. 通常进口产品的售价高于国产产品，所以一些涂料厂家就为产品起一个洋名，并且在产品包装设计上多下一些功夫，使装修业主误以为该产品是进口产品，从而自抬身价，欺骗客户。

3. 冒用商标是一种最恶劣的销售行为。一些小型涂料企业为了快速打开市场，取得超额利润，不惜冒用名牌产品的商标（包括包装），此类产品往往是最没有质量保障的。

如何放亮眼睛鉴别几类劣质木地板

色板： 取原木边材和芯材交接部分为实木基材，地板表面通过采用色精或特殊着色修饰处理，消除边材和芯材之间的色差，充当优质实木地板。业主可以将地板表面用砂纸打磨或锯开地板后查看，端面会呈现出很严重的色差。

转接板： 用一些尾料、下线板和不同长度的实木地板板材通过指接工艺拼接而成并充当纯实木地板销售。业主可以将地板纵向锯断，便可见指接痕迹。

贴面板： 在劣质的实木基材上贴上0.05～2mm厚度的实木木皮，以充当纯实木地板销售。业主可通过对比观察地板表面和底面进行辨别，实木地板表面和地面的木纹基本一致，而贴面板则完全不同。

转印板： 在诸如虫眼、花斑、黑点、裂纹比较严重的劣质木材上，通过转印工艺印上各式实木木纹，掩饰各类木材缺陷，以充当实木地板销售。业主可通过表面木纹进行辨别，实木地板木纹自然，转印板表面木纹都一样，基本没有色差，背面和正面的木纹也完全不一样。

购买实木地板注意哪些陷阱

1. 自抬身价。有些商家为了让自己的木材显得更加高贵，给不同的地板品种增加前缀修饰，如紫檀色橡木、紫檀色圆盘豆、胡桃色红橡等，其实就是普通的木材添加了名贵的颜色名称。很多商家都明码标注了实际是什么木材，而有些不法商家则不说明，价格以名贵木材的卖，这点很容易辨别但也容易上当。

2. 冒名顶替。一些地板材质采用的是俗称或商家自取的相似名称，业主无法辨别材质真伪，如把槭木标成"枫木"、山毛榉标成"榉木"、西南桦木标成"樱桃木"等。实际上，名称相似的树种可能价格相差很大，如优质的缅甸"柚木"产品和"金刚柚木"产品价格相差几乎10倍，将"金刚"二字省掉，让业主误以为是真正的"柚木"。

3. 移花接木。一般来说"胡桃木"对应的是"黑核桃木"，而国内产的"楸木"的正规名称应该是"核桃木"或"核桃楸"，如果业主购买"黑核桃木"，一定不能忽视"黑"字，否则有可能从"黑核桃木"变成了"楸木"。此外，"橡胶木"与"橡木"也仅有一字之差，业主也要注意分辨。

购买强化地板注意哪些陷阱

市场上强化木地板的价格不一，质量千差万别。不法商家的欺骗做法有以下几种：

1. 以次充好。伪劣地板在耐磨度、吸水膨胀率、甲醛释放量等三大指标上都达不到要求。不法商家会用普通中密度板替代强化专用高密度板作基材板，它们的吸水膨胀率极高，铺装之后极易变形，潮湿时起拱，干燥时开裂。另外，劣质密度板的甲醛释放量大都严重超标。

2. 报价用好地板，交货用次地板。不法商家利用业主无法用肉眼鉴别地板内在品质这一点，提供花色相同但内在品质比样品低得多的劣质地板，赚取非法利润。

3. 送货时部分单盒短装。因为强化木地板都是彩盒加吸塑包装，未拆包装之前业主根本不知包装内地板的数量及品质。不法商家就利用这一点，在送货之前拆开包装，抽取一片或几片地板，再重新塑封。通常业主收货时只数包数，不会逐包检查，这样就在不知不觉中被宰了一刀。

购买瓷砖注意哪些陷阱

1. 等级划分不规范。业主通常会注意瓷砖外包装上标明的等级，但是却不知道等级也有文章可做。有些瓷砖生产厂家的等级划分很不规范，通常优等品是最好的，一级品、二级品次之，但也有些厂家的一级品就是优等品，还有些不良商家会将一级品、二级品冒充优等品出售。因此，建议业主购买瓷砖时问清品牌厂家的等级划分。

2. 商品标价不透明。有些不良商家往往只标出价格较低的商品，待客户询问其他商品时，就乘机哄抬价格，让装修业主在不知不觉中陷入设计好的价格陷阱。

3. 暗中调换产品。有些不良商家会采取调包行为，送货时将业主原先看中的瓷砖换成同样花色和款式的其他品牌瓷砖。如果业主有异议，则退回产品，若没有看出破绽，则乘机赚取差价。

🏠 购买装修小配件注意哪些陷阱

装修时要用到的很多配件都是算在工程款里的，但是有些装修工头一有机会就会宰业主一刀，尤其是当业主购买合同规定的材料时，他总会下单子，比如暗盒不够或者电线不够等。通常单次购买的金额都不大，业主一般不会计较。虽然采购小零配件的价格不高，但代买就是代买，建议业主要算清楚这笔账，尽量保存好发票或收据，免得必要时有理难辩。

🏠 泥工有哪些偷工减料的招数

1. 以次充好。业主给的预算是以优质水泥计算的，工人却选购劣质产品，赚取差价。

2. 减少用量。减少水泥涂刷的次数就能减少水泥用量，工人也可以赚到差价。

🏠 木工有哪些偷工减料的招数

1. 全包装修的所有装修材料都由装修公司购买，工人大都会选购劣质的木地板。劣质木地板与优质木地板有不小的差价，这些差价就进了工人的口袋。

2. 大多数装修业主都会选择自己制作木家具，工人在选购木板时会用劣质木材来假冒优质木板，从中赚取差价。

3. 铺设木地板时故意减少工序，减少辅材的使用，工人也能赚到一定的差价。

🏠 油漆工有哪些偷工减料的招数

1. 使用假冒伪劣的清漆，可以比使用优质清漆节省 200 元左右。

2. 乳胶漆的价格比较昂贵，使用劣质乳胶漆或者假乳胶漆可以让工人赚到 500 元左右的差价。

3. 减少涂刷遍数可以减少油漆用量，这样就可以将节省的油漆出售。通常少涂刷一遍，大约可以赚 500 元；少涂刷两遍，工人甚至可以赚 1000 元。

🏠 如何避免为赶工期粗糙施工的陷阱

如果施工队要在假期施工，业主就要比平时多去几趟。因为假期时工人难免比较浮躁，可能会出现偷工减料的情况，比如规定内墙要刷三遍墙漆，工人可能刷一遍就了事，不仅降低了工艺标准，而且装修质量也难以保证。还有，有时专业工种的（如木工、油工、瓦工等）工人不在，其他施工人员为了不耽误工期，就越俎代庖，可是技术不过关，工艺粗糙，时间一长，问题就会暴露。因此，业主及时发现、及时制止才能避免这些问题。

做防水施工时容易发生哪些问题

1. 使用低价劣质的防水材料。同样规格的防水材料，品牌型号不一样，价格也不一样。业主必须先了解装修公司报价上的防水材料究竟是哪一种，是正规品牌还是廉价的次货。

2. 减少防水施工次数。施工遍数不一样，材料成本也不一样。通常地面要刷三遍，墙面刷两遍，如果报价单上没有注明施工遍数，业主就要特别注意了。

3. 多报防水项目。装修公司一般会多报防水施工的预算量，利用业主对防水施工的重视和不专业，故意多做一些根本没有必要的防水处理，例如增加墙面防水的高度，墙面防水起作用的仅仅是靠近地面的 30 厘米左右，完全没有必要把墙面防水刷到 1.8 米甚至更高。因为同样的面积，墙面防水材料的使用量不及地面防水的一半，但收费单价却是一样的，所以墙面防水的面积越大，利润比例就越高，甚至有些黑心装修公司用胶水代替防水材料。

铺设地砖注意避免哪些陷阱

铺设地砖的装修陷阱，通常就是限制水泥沙子层的厚度。例如报价单上会写"实际施工时，如果水泥沙子层厚度超过 5 厘米，另收地面找平的费用"。地面贴砖时，水泥沙子层的厚度一般在 7 厘米左右，即使整个水泥沙子层的平均厚度有 10 厘米，增加的费用主要是底层沙子用量增大，水泥用量增加不了多少。沙子是不值钱的，100 平方米的房子，材料用量增加

500 元左右而已，人工费用并没有增加，因为工人可以铺厚一点水泥沙子直接贴砖，不需要另外做一次地面找平的。另外，房子的地面不可能完全平整，不同地方的水泥沙子层厚度都不一样。等到铺得差不多了，施工单位就挑一处最厚的地方给业主看，这样业主就只能吃哑巴亏了。装修公司的成本并没有增加多少，但地面找平却能增收一笔，暴利显而易见。

🏠 乳胶漆施工注意避免哪些陷阱

1. 正常的涂刷流程为先作墙面处理——刮腻子，然后再刷底漆和面漆。有的油漆工喜欢在底漆上做手脚，因为刷完底漆后会刷面漆覆盖，业主根本看不到底漆的效果。所以如果业主有空，可以在涂刷施工时看着油漆工开桶。乳胶漆开桶后再更换就很困难。

2. 有的油漆工一般通过低价诱惑业主，然后通过拿回扣、找各种理由预支工钱后撂摊等手法弥补低价的损失，最重要的是价廉并不能保证物美。如果业主只想处理墙面，除了找正规的家装公司，还可以找厂商，现在有些涂料厂商也提供涂刷的增值服务。

3. 乳胶漆是水性漆，施工时要通过添加一定比例的水稀释。涂料品牌不同，添加水的比例为 10% ~ 30%。而有的油漆工为了省事或节省涂料，故意将水的比例加大，最高的添加超过 50% 的水。掺水的后果是乳胶漆的遮盖能力大大降低，根本起不到弥盖裂纹、保护墙面的作用。

选择合适的装修公司和设计师让装修更顺利

装修市场鱼目混珠,
怎么才能让自己选择一家合适的装修公司和设计师呢?
这个问题往往让每一个装修者头痛不已。
所以前期如何选择装修公司和设计师是众多业主所最关注的问题。

与装修公司洽谈前需要哪些准备工作

如果业主没有做好必要的准备工作就与装修公司洽谈，很可能因为资料不足而无法进行。所以，做好这些准备工作才可以高效进行谈判：准备好有尺寸的详细房屋平面图，最好是官方（物业等部门）出具的；初步确定各房间功能，拿不定主意的可以留待与设计师讨论，相关问题要尽量与家人统一思想；分析自己的经济情况，根据经济能力确定装修预算。

如何通过观察样板间考察装修公司

不在第一次与装饰公司接触时就看样板间，而是换一个时间段，同样有其妙处。装饰公司推荐的样板间大多是已经完工的得意之作，业主在设计师的介绍下只是走马观花，并看不出什么东西。因此，在选择看什么样的样板间时要注意：

1. 选择正在施工的样板间，查看施工的情况。这种样板间往往是装饰公司不愿意请业主去看的，怕给客户留下不好的印象。

2. 选择刚刚完工，业主正在验收的样板间。因为不需要征得业主的同意，而且工地一般已经做过初步清洁，所以公司会愿意让客户参观。当然，若确有质量问题也可显露出来。

3. 选择验收合格且业主已经入住一段时间的样板间。这种样板间不但能充分体现设计师的灵感，而且样板房完成的后期配饰也会给即将装修的业主带来灵感。

装修公司与施工队之间有哪些区别

1. 家装工程开始前，装修公司会给业主一份装修报价单，业主可以根据这份装修报价单，来决定是否选择这个装修公司，这样就不会出现装修到一半，因为经济原因要停工的情况；而施工队则是分散的，木工和水工是分开的，这样就难以控制装修预算，可能会出现因为经济原因而停工的状况。

2. 一般来说，装修公司的设计师会把每个家庭成员的想法融合起来，设计出一个最合适的、让家庭成员都满意的装修方案。这项工作需要在装修之前就做好，这样才不会在装修过程中出现因家人纠纷，造成无法施工的现象。与装修公司不同，施工队没有具体的设计，到现场就开始施工。这样容易出现各个家庭成员各持己见，导致工人不知道如何施工的情况，这样会造成装修工程延期。

3. 如果装修公司的工程质量不过关，业主可以通过扣押尾款来要求装修公司返工重修。但是施工队并没有这个规定，通常施工完之后，工人都另外找活，如果出现问题，可能连负责人都找不到。

🏠 为什么有些装修公司一般不包清工

大型装修公司的运营时间较长，并且都已经摸索出自己的进料渠道，甚至自己生产相关原材料，比如橱柜、门等半成品，所以给业主的报价并不高，但是在这些材料的报价里已经包含了公司的既得利润。但如果包清工，这部分利润就没有了。如果让大公司包清工，为了要维持与包工包料一样的利润，一般报价会比较高，让业主很难接受。规模较大的装修公司都有自己的实体公司，专业的设计队伍，有自己的工程监理，旗下与各类专业的施工队伍长期保持合作关系。这些管理和运营上的成本也一样会转嫁到业主身上。

🏠 与装饰公司达成初步意向后还有哪些注意事项

1. 双方达成初步意向之后，装饰公司就要了解业主的具体要求，并进行实地测量。

2. 公司会将设计图以及详尽的报价单交给业主，上面列有具体的用料和施工量。

3. 业主拿到这份材料之后，要确认设计是否符合自己的要求，还可以请设计师来解释这份设计方案，比如一些空间的处理、材料的应用等。

4. 业主在确认了设计方案之后，还要仔细考查报价单中每一单项的价格和用量是否合理。

如何与装修公司的设计师沟通交流

1. 不同的业主对装修风格的偏好都是不同的，因此，在装修设计师进行装修设计之前，业主就要根据自己的喜好对设计提出具体的要求，这样可以帮助装修设计师做出更加适合的方案，节约设计的成本与时间。

2. 虽说大部分设计师在进行装修设计之前都会询问业主的装修预算，但是业主拿到装修设计方案后，还是要确定该方案施工预算的大致数额，以免造成与起始预算有过大的偏差。

3. 相对复杂的装修设计会拖延装修工期，因此，业主在确认设计符合自己需要之后，还应该确认该设计的施工周期，避免过长的装修时间耽误入住。

如何用好装修公司的设计师

首先，业主要把自己的想法告诉设计师，让设计师了解自己的文化和职业背景、生活习惯以及家庭成员构成；其次，不要过分地给设计师设置构思的范畴，将自己的想法告诉设计师后，就要耐心等待设计师用专业知识把这些想法转为现实，但修改与决定的权利仍在业主手里；还要仔细聆听设计师的方案介绍，充分理解设计师的想法，有不能理解的地方就要及时提出；如果设计师对业主提出的想法持反对意见，那业主就要再三考虑，这是对自己物业的慎重。

🏠 如何看懂设计师作品

1. 配色是否和谐。这是从第一感觉来判断的，不管是不是内行，都会有自己的看法和审美观。

2. 比例是否真实。很多设计师在画效果图时都会故意调整一些尺寸来满足图面的需要，例如 20 平方米的房子画成 40 平方米的，层高 2.6 米画成 3.5 米，把房子的框架面积和家具的比例采用与实际不同的比例，这几乎已经成了行内通病。

3. 是否满足需要。一般来说，业主都会有自己特殊的要求，设计师不一定能面面俱到。例如，缺少一部分柜子，餐桌大小不合适等。这也是业主要关注的重点。

4. 是否有创意。一个好的设计师，设计方案中总会有画龙点睛之笔，一两个项目就能体现出很多东西。

5. 户型是否得到改善。房子会有这样或那样的格局缺陷，有一些不好改变，但有一些是可以改善的，这方面最能体现设计师的技巧。

🏠 如何选择好工长让装修更顺利

一般情况下，装修公司有多个工长，而装修工程的好坏很大程度取决于工地负责的工长。业主想要挑选更好的工长，就要多和他之前负责的工地业主交流，并且从以下几个方面来考察：

脾气：装修中，业主与施工方难免有争执，负责任的工长会和你细心交流，而不会胡乱甩摊子。

管理能力：有很多工长根本不能管好工人，说的话也没有工人愿意听，这样的工长显然不能选。

监督力度：有些工长由于接的活太多，几天都不露一次面，对工人的监管自然不力。

专业技术：工长本身起码应该是个大工，而且技术活还要好，这样对工人的工艺指导就更专业。

如何与工长进行沟通交流

　　首先，在第一次见面时，业主就应该将自己对装修的要求、希望达到的效果以及对工人管理的建议与工长详尽地沟通，以此来了解工长的性格、责任心和处理问题的方式，为日后可能产生的矛盾做好铺垫。其次，无论业主与工长、工人的关系怎样，在遇到建材质量、施工工序、工程质量等问题时都应该马上指出，不能拖延或马虎了事。同时，在指出问题时要尊重他人，做到就事论事，不可辱骂施工人员。另外，不少管理严格的装修公司会对业主进行回访，这时应该对工长与施工队的工作进行适当的肯定，并告知工长。适当的鼓励与肯定能够拉近双方关系，保证施工质量。当然，这得建立在对施工工人与工程质量基本满意的前提下，否则会助长施工队的轻视情绪。

如何与装修工人进行沟通交流

1. 把握亲疏态度。业主对装修工人不能过于冷淡，也不能过于亲热，要把握一个度。装修工人的工作非常辛苦，如果业主过于冷淡或平时极少来工地，工人就很容易产生逆反或倦怠的心理，这对于保证施工质量和进度都是非常不利的。但是，也要注意不能与工人过于热情。如果在装修时将装工人奉若上宾，沏茶倒水、管烟管酒甚至叫外卖管饭，这样会让工人觉得业主"好欺负"或者"好糊弄"，也不能保证装修品质。

2. 注重赏罚分明。如果装修工人做事认真，施工质量高，业主可以通过工长或装修公司提出对该工人的表扬，适当给予一些奖励（如一起吃顿饭）来表达谢意；如果发现工人施工潦草，出现质量问题，则应该坚决提出返工，并对损失的材料与工期提出赔偿要求，只有这样才能保证工人不会再次敷衍了事。

请家装监理有什么作用

聘请家装监理是为了控制工程质量、投资预算、施工工期和环境等问题。

1. 装修重要的就是质量，没有好的材料，只能做出"豆腐渣"工程；同样，如果光是有好的材料而没有工艺技术，也是不行的。家装监理可以从前期选材、选施工队开始就把握装修质量的好坏。

2. 很多业主经常碰到预算超额较多的情况。关键是因为项目分得不明确，材料数量和前期预算不准确。如果有家装监理，就会客观地帮助业主审核实物量。而且在验收付款时，必须由监理签字，业主才能付款，从而控制了投资成本。

3. 家装监理会按工程计划和实际进度严格控制，并给业主留出做卫生的时间，这样业主就可以安心入住了。

4. 家装监理会选择一些环保产品，使业主和家人不受污染的困扰。同时，监理还会测量环境污染是否超标，并提供治理的方法。

如何选择合适的家装监理

1. 业主要找到责任心强、坚持原则的监理公司，在选择时就一定要检验公司的资质，查看公司可以提供何种服务。管理严格、经营规范的监理公司才值得信任。

2. 如果朋友之中有认识或雇用过家装监理的，可以听听朋友对监理的评价。优秀的家装监理必须具备比较全面的装修知识，了解工程造价及施工程序，同时有很强的原则性，能够事事为业主着想，这样才能发挥应有的作用。

3. 找到适合的监理后，业主应该把自己担心的问题、对装修的具体要求都告知监理，这样才能帮助监理确定自己的工作重点，更好地完成任务。

装修不得不看的设计细节

房子的空间有限，怎样可以有效地增加储物空间？

简单的一个造型，

怎样可以令整个设计亮点突出？

新家的装修设计，

往往就在这些细节的地方最考心思。

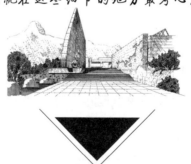

设计师完成初稿后业主应怎么做

1. 设计师完成初稿以后，业主应该同家里人仔细审查研究，随后提出修改意见，再与设计师商量定夺。建议业主宁可在图纸上多花些时间，以免日后返工，费时费工费料。

2. 图纸确定以后就是按图施工，这时如果轻易改动施工要求，往往会牵一发而动全身，影响整体设计风格。万不得已要改动时，也一定要征得设计师的同意，这样才能保持设计风格的一致性。

设计平面图纸有哪些具体内容

一般来说，一套完整的图纸有原始测量图、墙体改建图、平面布置图、顶面布置图、电气施工图、水管走向图、现场制作家具尺寸图、立面图以及各个节点图、剖面图等。业主要注意在合同中注明设计师所制作的图纸内容，因为有些设计合同在图纸的要求上比较模糊，如果没有注释仔细，很容易让一些设计师有偷工减料的机会，会影响到日后的施工质量。

如何确定制作图纸的期限

设计师测量房子后就会做初步的设计方案，确认完初步设计方案就要制作第二阶段的设计图纸，最后就是制作全套的设计图纸以及主要装饰材料的清单。在这三个阶段中，业主和设计师要商量确定一个提交图纸的期限。通常，公寓房的图纸制作大致在7天左右，别墅等大面积的住宅，可以适当延长期限。这种期限的要求，对设计师起到约束的作用，也是业主保障自己利益的依据。

怎么正确审验设计图纸

装修效果与签合同前的设想有出入是困扰业主的一大难题，这是因为业主忽略了图纸的审验，即图纸内容不全面。一般来说，业主可以从以下几点来审验设计图纸：

1. 注意图纸的比例是否正确。如果设计师没有按照施工图纸来做设计图纸，而是按想象制作出图纸，必然会造成施工效果与图纸有很大差别。

2. 注意材料的性质是否已注明。设计图纸上应标注出主要材料的名称、品牌、数量，以便于施工人员按图纸施工。

3. 注意尺寸是否详细。设计师通常不会到现场做认真细致的测量，很多尺寸在设计时会有遗漏，就会造成设计与施工脱节。

如何让面积较小的客厅显得更大

首先，在家具的选择上，选用通透性良好的玻璃家具和镂空的隔断，可以让视觉穿透，看得更远，空间自然显得更大。同一空间的家具应整体保持统一的色调，整洁有序的感觉也能让空间显得更加开阔，而五颜六色、杂乱无章的设计则只会加重空间的狭窄感。其次，亮度高的颜色会让视觉形成膨胀感，因此采用明亮的涂料会让空间显得更加开阔，而暗色系则正好相反。如此一来，如果想让空间变得有立体感，亮色与暗色协调搭配就能实现。但切记单一空间的颜色过多，不然就会有空间被分割得零零碎碎的感觉，反而显得杂乱狭窄了。最后是光线的运用：光线明亮，可视范围增大，空间感受自然也会显得开阔。因此，采光良好、阴影较少的客厅会给人比较宽敞的感觉。相反，哪怕是相同面积的客厅，如果采光不佳也会显得狭窄许多。

如何让客厅的收纳更合理

电视柜和书柜是客厅中常见的两大收纳家具，这两件家具的容积要大。如果沙发不

靠墙放，可以节省出大量的墙面空间，就可以在墙面搁板上放一些小装饰品，或者靠墙做一面书柜放置书籍、杂物等，这样可以扩展出许多收纳空间。再次，碟盒、可挂在沙发上的遥控伴侣、杂志架、底座是储藏箱的沙发、可收纳的茶几、大容量的书柜等，都是收纳的好家具。

如果客厅面积有限，可将组合柜、储物柜集中在墙的一侧，这样可以让空间看起来更宽敞。还可以将各式的小容量柜子自由组合，探索有效的储物柜组合形式，以便兼容较多的物品。

如何设计层高较低的客厅

设计层高较低的客厅时，应在整体设计、色彩设计、吊顶处理及灯光处理等四方面下功夫。

在整体设计上，由于竖向线条有一种纵向拉伸感，能使层高在视觉上变高，所以应多运用竖向线条、分割线等，回避横向线条。在色彩设计上，由于冷色系给人一种宁静、安逸的感觉，所以应当在小空间内把房间粉刷成冷色，通过冷色的调节使空间看起来更高、更大。在吊顶处理上应尽量使顶部错落有致，层次分明。餐厅、过道的空间顶部设计要稍低一点；客厅、起居室顶部少做吊顶或做局部吊顶，这样既能起到划分区域的作用，又能打破一般平顶的呆板，扩展居室的视觉感。在灯光处理时要充分利用顶部的灯光，因为顶部灯光光感会使人的视觉向上，也会增加居室的视觉高度。

如何设计采光不佳的客厅

1. 光线较暗的客厅不适合过于沉闷的色彩，除了局部的装饰，尽量不要使用黑、灰、深蓝、深棕等色调。客厅的墙面和地面都应该以柔和明亮的浅色系为主，有利于进入客厅的光线反复折射，从而使客厅变得更亮堂。如墙面可选用白色、奶白色、浅米黄等，而地板则推荐使用原木色木地板或白色地砖为主。

2. 采光不好的客厅忌用深色、大体积家具，在选择家具时，应该以浅色系为主，白色、原木色、金属质感的现代家具都是较为不错的；而在家具体积方面也应该以小、进深、低矮的家具为主，尽量扩大活动空间、降低室内的压迫感，因为客厅的宽敞感也是会提升客厅亮度的。

3. 对客厅空间进行合理的补光也是提亮客厅的重要手段之一。大型吊灯、吸顶灯都可以作为晚间照明的主光源，而台灯、地灯、壁灯、射灯可作为白天补光的辅助光源。对于白天的补光灯具，可以选择漫反射式光源的灯具，这些灯具产生的光线具有补光范围大、光线柔和的优点，不但适合对客厅整体或局部补光，还可以创造出和谐、温馨的氛围。

客厅吊顶设计注意哪些重点

如果层高很低，甚至低于 2.5 米，那么就不宜大面积吊顶，但可以在局部小范围吊顶。如在房间四周吊一圈十几厘米宽、10 ～ 18 厘米高的二级顶，内藏向上照射的灯光，而中间部位保持原高，用涂料粉刷。

层高很高的房间，可以自由选择吊顶方式及造型，弧形、圆形、方形、异形顶，也可以分二级甚至多级吊顶造型，并可以采用大面积吊顶以降低层高。

设计吊顶时，应将隐蔽工程做好。照明电源、空调、视频音频线路是否需要在吊顶时隐藏，照明方式及灯具安装位置等问题都要事先考虑安排好，不然以后只能走明线，影响美观。

客厅照明设计注意哪些重点

一般客厅会运用主照明和辅助照明的灯光交互搭配，来营造空间的氛围。主照明常见的有吊灯或吸顶灯，使用时需注意上下空间的亮度要均匀，否则会使客厅显得阴暗，让人感觉不舒服。

1. 也可以在客厅周围增加隐藏的光源，比如吊顶的隐藏式灯槽，让客厅空间显得更高。

2. 辅助照明就是落地灯和台灯，它们是局部照明以及加强空间造型最理想的器材。不过，落地灯虽然方便移动，但电源可不是到处都有的，所以落地灯的位置固定在一个相对较小的区域比较好，不然电线到处牵扯会影响客厅的美观程度。

3. 沙发旁边茶几上的台灯最好光线柔和，有可能的话最好用落地灯做阅读灯。

如何合理分配客厅的墙面空间

在分配客厅墙面空间时，首先应该将占用客厅墙面的空间以先大后小的原则进行分配。通常要求大家先考虑沙发区、电视墙等大面积位置，再确定客厅柜、鱼缸等中型位置，最后再来确定绿色植物、装饰画等小面积位置。

其次，要注意确定好适合的高度，尽量不要让客厅的墙面出现过于强烈的高低错落感，否则很难达到极佳的墙面布置与装饰效果。

如果客厅与餐厅在一个共同的大空间中融为一体，那么建议业主通过墙面的墙纸材质、颜色、图案等将不同的功能区区分开来。这也是客厅墙面分割的重要方法之一，如果能应用得当，往往可以起到较好的效果。

为什么要先装修背景墙再摆放沙发

沙发的摆放位置应在安装电视墙之前确定好，这样才能既不影响客厅的布局又可以带来较好的观影效果。沙发位置确定好后，电视机的位置也就轻松地确定了，此时就可由电视机的大小确定背景墙的造型。先摆放沙发还有一大优势是，可以根据沙发的高低确定壁挂电视的高度，以最大限度地减小观众在观看影视时的疲劳感。

如何提亮采光不佳的卧室

当卧室处于阴面时，由于没有阳光直射入户，所以纯白色、奶白色作为墙面的主色调很常见，在小面积墙面中选用鹅黄色、淡橙色等暖色配合主基调使用，可以起到提亮空间、柔化色彩的作用。在选择地面颜色时，建议业主尽量选用纯白、淡黄、淡红等色彩，配合高光的地面材料来为整个卧室空间提亮。家具与墙、地面颜色的选择相同，颜色同样不宜过深，最好使用原木色、淡黄色家具。阴面卧室中的家具最好不要具有过大的视觉重量感，尽量选用造型轻巧时尚、体积相对较小的品种，也可以避免卧室空间产生狭小感与压抑感。

如何设计卧室的床头照明

床头照明的设计主要包含三个方面：床头灯、射灯和壁灯。在设计中应该注意以下几个问题：

1. 床头灯的光照效果应当明亮且柔和，能够营造一种温馨的格调。一般床头灯的色调应以暖色或中性色为宜，比如鹅黄色、橙色、乳白色等。光线应该柔和，并保持亮度。因为偏暗的灯光会给人造成压抑感，而且对于有睡前阅读习惯的人来说，灯光偏暗会损伤视力。

2. 在设计射灯时，一定要选择可调向的射灯，灯光尽量只照在墙面上，否则躺在床上的人向上看的时候会觉得刺眼。

3. 安装壁灯能增加整个空间的温馨感，看书或观看电视节目的视觉效果也会很舒服，但是切记不能将壁灯安装在床头的正上方，这样既不利于营造气氛，也不利于安睡。安装的位置最好是在床头柜的正上方，并且建议采用单头的分体式壁灯。

如何设计卧室的收纳

1. 为了解决卧室的收纳问题，一些床具的设计可以将不常用的床品、衣物等放置于床箱中；即使没有选择带储物功能的床也没有关系，一些高度适宜的储物箱能很好地隐藏于床下，而且取用方便。

2. 可以使用开放式搁架。卧室里也需要一些空间用来摆放装饰品或者书籍，不仅方便使用，而且也有利于营造浪漫的氛围。

3. 合理地利用床尾。如果卧室面积够大，可充分利用床尾空间，床尾箱不仅可以摆放一些当季要更换的床品，而且一些毛毯、饮品器具、家居服也能暂时放置一下。

4. 可根据要摆放的物品种类或者家庭成员来选择三斗柜、四斗柜或五斗柜等。多抽屉的设计优势在于能够帮助分类收纳，其尺寸选择也很丰富，适合根据不同的空间大小进行挑选。

如何设计大面积的卧室

卧室的面积比较大，在进行装修设计时一定要首先做好卧室内的分区，否则在装修完毕后很容易出现大而无当的情况。建议业主根据卧室的面积、形状将卧室内空间分割为床具区、梳妆区与收纳区，有条件的话还可以在卧室内添加影视区与阅读区。而在选择颜色时，不必拘泥于白、黄、绿等浅色系，可以大胆尝试棕、深绿、紫檀色等可以突出卧室空间的安静、厚重的颜色。大型卧室只有配合大体积、较厚重的卧室家具才合适。如果购买家具的预算比较宽松，建议业主多关注颜色较深的、具有较强质感和设计感的实木家具。如果在卧室中使用了金、银色的饰品，还需要使用金、银色装饰的家具来达成卧室风格的统一。

如何设计小面积的卧室

首先，小面积卧室的空间有限，所以在进行装修设计时更要注意做好室内的空间规划：建议业主根据卧室的面积、形状、长宽比来合理规划床具的大小与衣柜的摆放位置，如果有需要，还可以为小型梳妆台预留一个合适的空间。其次，由于小型卧室的采光和通风能力相对较差，在装修小面积卧室时应该特别对房间的自然亮度予以保护。尽量避免高大家具对光线与通风的遮挡，使用高亮度浅色系作为房间的基调，通过减少家具的数量来彰显一定的空间感。最后，在进行小面积卧室装修设计时，仍然不要忘记照顾卧室功能的全面性：既要为使用者预留舒适性较高的休息空间，又要兼顾房内的多功能性与收纳能力。

如何设计卧室的梳妆区

因卧室类型不同，梳妆区的设计也有一定的差异。一般有以下两种情况：如果主卧室兼有独立卫浴间，那么可以将这一区域纳入卫浴间的梳洗区中，让卧室的整体空间更整齐宽敞些。如果没有独立卫浴间，则可以考虑在卧室中辟出一个由梳妆台、梳妆椅、梳妆镜组成的梳妆区。梳妆台一般设在靠近床的墙角处，并在两侧补充一定的光源，这样，梳妆镜就可以从暗处映出梳妆者的面部，并且通过镜面可使空间显得宽敞。

🏠 如何设计卧室的休闲区

1. 休闲区设在主卧和客卧是较常见的做法，这类空间通常通过天花板或地面或屏风隔断的方式进行功能分区。

2. 休闲区的设置既要与居室的整体风格保持一致，又要因地制宜，根据空间的大小进行具体的家具布置，有时可以利用卧室窗边空间、床的内侧角落空间、门的角落空间等地方进行设计。

3. 休闲区应在保持与整体居室风格的统一的基础上，尽可能体现空间的多功能化，展现主人的个性生活，可以利用颜色或小装饰物的处理与其他空间进行区别，形成特有的私密性。如在卧室的休闲区，可利用大幅的帷幔、纱帘等与其他空间进行分隔；设置有桌椅的休闲区，可以利用小块的地毯在视觉上进行不同区域的划分。如欲打造轻松舒适的休闲区氛围，那么尽可能采用色泽亮丽、造型简洁的家具是颇为有效的方式。

🏠 如何设计卧室的电视区

设计卧室的电视区根据房屋空间、形状等分床尾墙面、床侧面、床头等三种常见形式。床尾墙面即将电视摆放在床尾的位置，床头和床尾之间形成正常的收视距离，躺在床上就可以欣赏电视节目，设计非常人性化；而如果卧室形状相对比较宽，可以采用床侧面的设计方式：将电视摆

放在床的一侧，坐在床沿或者横躺在床上收看电视，以充分利用空间的宽度；如果是房间面积比较大的卧室，那么将电视摆放在床头的侧面的床头电视区最适合不过，电视对面是一个小型的休息区，这样可以像在客厅一样坐在椅子、沙发上欣赏电视节目。

🏠 设计衣柜注意哪些问题

目前有许多装修业主在考虑推拉门时，往往会忽视很多细节，导致柜体内的有些部位无法正常使用。比如根据自己的喜好将柜体做成不均等的空间，而为了保持柜门的美观，将推拉门做成等分的三扇或四扇，然而在实际使用过程中，因为推拉门的轨道问题，在打开一扇门时，必然会有另外两扇门并在一起，因此，当柜体内不等分时，总有个空间无法用到，如果正好是抽屉的位置，甚至会无法打开。建议在确定柜体时，最好让空间等分，这样就不会出现柜体内出现死角的尴尬局面。

另外，有些商家为了制作简单，抽屉会安排太少，或者抽屉的大小全部一样，其实存放内衣、袜子、杂物、毛衣的抽屉各有要求，杂物抽屉应该扁平，毛衣等厚重衣物抽屉应该大而深。

还有一种情况需要注意，有些装修业主喜欢将抽屉放在柜体的一侧，而有的推拉门会有门套，如果没有预留好足够的空间，则会出现推拉门做好后无法打开抽屉的情况。

🏠 如何把电视与衣柜融为一体

想在卧室看电视，又不想牺牲能够摆放家具的墙面，可以选择把液晶电视嵌入柜门，在空间上能非常好地节约卧室的长度，也可为卧室添置书桌书柜的一席之地，但要注意以下几个问题：

1. 施工前最好先把卧室床具的尺寸确认好，柜与床之间尽量保持70厘米以上的距离。

2. 柜的深度也尽量保持在 50 厘米以上，否则起不到储藏衣物的作用。

3. 因为液晶电视一般都是黑色，所以柜体最好选择浅色，否则会显得过于沉重。

儿童房设计注意哪些重点？

1. 减少装修污染。最简单可行的办法一是用材考究，二是控制用量，主要是控制木芯板和油漆的用量。那种为了追求豪华装修效果，全墙纸贴面及满墙打家具的做法容易造成甲醛等污染物超标。

2. 选材柔软自然。由于儿童的活动力强，所以在儿童房空间的选材上，宜以柔软、自然材质为佳，如地毯、原木等。这些耐用、容易修复、价格低的材料，可营造舒适的睡卧环境，也令家长没有安全上的忧虑。

3. 照明充足柔和。合适且充足的照明，能让房间温暖且有安全感，有助于消除孩童独处时的恐惧感。

4. 随时重新摆设。设计巧妙的儿童房，应该考虑到孩子们可随时重新调整摆设，空间属性应是多功能且具多变性的。家具不妨选择易移动、组合性高的，方便随时重新调整空间，家具的颜色、图案或摆设的变化，有助于增加孩子的想象力。

如何装饰儿童房的墙面

比较鲜艳的色彩可以促进婴幼儿的视觉发育，因此，跳跃的、鲜艳的、具有较大反差色彩的装饰画特别适合用于装饰儿童房的墙面。这里需要注意的一点是：儿童房的墙面装饰色彩选择完全打破成人空间的色彩选用规则，可以同时、大面积使用多色彩进行墙面装饰。

儿童天性活泼好动，所以在进行墙面装饰时应该特别注意一下悬挂物品的稳固度。通常建议业主将墙面装饰物悬挂得相对高一些、悬挂装饰物的固定钉要钉得更牢固，必要的情况下可以适当增加固定点，这一点对于自重较高的装饰物尤为重要。

不少儿童喜欢在家具、墙面上乱写乱画，所以，为儿童房挑选装饰画时还应该注意一下画作的易打理度，最好不要选择价格较高或具有一定收藏价值的装饰品来装点儿童房墙面，以免造成不必要的损失。

如何设计儿童房的地面

刷漆的木质地板或软木、橡木等更富有弹性的材料是比较经济实惠的选择。考虑到儿童的安全，还可以在坚实耐磨、富有弹性的地板面上铺一块地毯。

橡胶地板是一种耐磨、保暖、柔和、有韧性且易于清洁的地面材料，而且它的表面光滑平整，便于行走玩具的前行。同时，它所具有的多种颜色的特点更是其他材料无法相比的。不过，橡胶地板的铺设需要专业人员来进行。

如何划分独立的就餐空间

有些小户型住宅没有独立的餐厅，或者餐厅是与客厅、厨房连在一起，也可以通过一些装饰手段，人为地划分出一个相对独立的就餐区。比如通过吊顶，使就餐区的高度与客厅或厨房不同；通过不同色彩、质地、高度的地面，可以在视觉上把就餐区与客厅或厨房区分开来；通过不同色彩、不同类型的灯光，来界定就餐区的范围；通过屏风、珠帘等隔断，在空间上分割出就餐区。

如何布置舒适就餐的尺寸

餐桌周围至少要留出80厘米的空当，因为餐椅摆放需要50厘米的间隔，人站起来和坐下时又需要30厘米的距离。

如果餐桌的高度为70～75厘米，椅子高45厘米，那么椅子面和桌面之间的距离应为20～30厘米。

如果就餐时的高度为 60 厘米左右，两人之间相隔 10 ~ 15 厘米最舒服。

🏠 餐厅地面铺贴地砖注意哪些问题

1. 如果采用地砖斜铺的方式来装饰地面，地砖的规格以及地砖铺贴的时候留缝的大小难以把握，需要特别注意。

2. 如果餐厅和客厅是分开的话，建议先做一圈波打线，以起到压边的作用。

3. 如果餐厅空间不是很大，建议不要用大尺寸的地砖来斜铺，这样会让人觉得空间变得更小。

4. 面积是 10 ~ 14 平方米的平层公寓的餐厅，可以采用 165 毫米宽的波打线，330 ~ 600 毫米大小的地砖装饰地面。

🏠 如何设计进门面积狭窄的玄关

1. 如果玄关左右两面有可以依附的墙体，就可以依靠墙体做一个全柜体收纳，并且做高收纳柜的顶部，并以嵌入式设计隐藏于墙体之内。柜体中部选择打空，目的是方便随手物品的摆放，包包、钥匙、手机、零钱等。如果再摆放一盆小花，顿时情趣满屋。柜体底部最好留出约 18 厘米深的凹槽，方便进出门换穿鞋子。

2. 如果玄关没有两边墙体可靠，只有一面墙依附，可以做一个整体柜，但还是建议底部悬空，这样不仅方便进出门的换鞋，也能整体提升空间的高度。半柜体也是很常见的一种玄关鞋柜，与直接购买的落地鞋柜不同，做了底部的悬空，没有落地鞋柜的笨重，但相对上部做顶的鞋柜，收纳功能就减少了。

🏠 如何设计进门是厅且无墙体的玄关

如果进门两边是客厅和餐厅，没有大面积的墙体依附，那么这种空间的玄关就建议做成半敞半隐式，就是上部做成通透隔断，还可增加玄关处的采光；下部做成完全遮蔽式的柜体，方便进出门的鞋子的收纳。避免一进门就无遮拦，同时又可以有人性化的收纳。

此类玄关的造型多变，上部隔断可选择的材质也众多，但如果想增强玄关区的自然采光，可在设计上选择虚实结合，珠帘、镂空、玻璃等材料不仅可以营造若隐若现的效果，还可以保留一部分的自然采光。

🏠 如何设计进门正对房门的玄关

一进门口，就对着卧室门或者卫生间门，实在是令人不舒服。玄关最重要的是实用性，其次就是隐私性，门口与门口相对，就会产生遮挡的需求，可以考虑在进门左边做一个收纳柜，正对门口设计一面墙，形成一个 L 形的玄关。因为有了墙体，使得鞋柜可以有条件悬吊起来，从而减少空间的压抑感，而造型墙也起到了一个划分空间的作用，也可以充分利用空白的墙壁，设计一些收纳挂钩和隔板，展示一些艺术品，一进门就能给来访客人一个好印象。

🏠 鞋柜设计注意哪些重点

1. 百叶门比封闭的门更透气通风。所以如果家中的鞋柜不是处于居室的对流处，那么选择百叶门会使得鞋柜内的气味和潮气更容易挥发，同时在视觉上，会使得空间更具有层次感，但如果是鞋柜对准餐厅的话，还要考虑就餐环境。

2. 内部结构根据个人需求而定。一般来说，在同等面积的情况下，倾斜设计收纳数量最多，但设计零件较多，购买或定制时要注意质量。其次，平行设计使用方便，收纳功能也不错，是较为普遍

的款式。最后，壁挂设计会更加保护鞋子，特别对于女士的高跟鞋和靴子，缺点就是收纳数量不多，相对来讲较为占面积。

如果鞋柜是做在入户走廊的某面墙上，就需要根据情况来衡量鞋柜的高度和宽度。高度在 1.2 米左右的鞋柜，需要注意鞋柜的顶面处理，因为在入户时，钥匙卡片之类的小东西很容易把木制鞋柜的顶面刮花或者碰掉漆，所以鞋柜顶面要特别细心处理，或者换成别的材质。

🏠 如何设计过道的端景

端景通常是指过道尽头墙面的装饰方式，端景的巧妙设计可以改变过道的氛围，掩盖原有空间的不足。它可以是一幅美丽的画，也可以是一件别致的饰品，或是设计师独具匠心的原创作品。做法通常有以下两种：

简单的做法是在墙面悬挂一幅大小适宜的装饰画，前方摆设装饰几或装饰柜，上方摆设花瓶或工艺品。

将墙面整体进行造型设计，再选择落地式的大花瓶，插上鲜花或干枝。或直接做出一体式的装饰台面，将饰品放在上面。

🏠 楼梯设计注意哪些要点

1. 坡度。为了节省室内空间而设计过于陡峭的楼梯是很危险的，尤其是家中有老人和小孩时，就更应该尽量将楼梯的坡度放缓，以提高上下楼梯的安全性。

2. 宽度。楼梯的宽度虽说可大可小，但是要注意的一点是越陡峭的楼梯越应该窄一些，这样在发生脚滑或跌落时可以方便在楼梯的两侧找到支撑点。一般家庭的楼梯宽度不小于 0.8 米。

3. 牢固度。楼梯的牢固度是装修楼梯的重中之重。在得到设计图纸后一定要确认一下该设计在牢固度方面的考虑，假如发现楼梯的承重能力欠佳，不管多么漂亮的设计都应该推倒重来。

4. 耐磨度。楼梯的踏步属于高磨损位置，所以在选材上一定要选择那些防滑、抗磨损的建筑材料。另外，最好将楼梯的踏步做圆角处理。

如何设计楼梯底下的空间

1. 楼梯结构和家具巧妙结合。在小空间中，常见梯阶在衣柜和书柜上方，楼梯和家具的结合极大地利用了室内空间。

2. 楼梯下方做储藏间。利用楼梯下方空间设置成一个储物的空间，藏书、储酒、放置过季的衣服或者杂物也是常见的做法，在楼梯直式侧壁开个入口，便成为最佳的储物空间。

3. 造景。楼梯下方容易形成死角，设置一个生机盎然的人造景观，可以用植物也可以定制适合规格的水景，不但利用了空间，也增强了室内视觉的变化。

4. 设置小型餐厅或吧台。可以在楼梯倾斜度足够的条件下，设置一个简洁的餐厅或者一个休闲吧台，既有情调又美观。

5. 设置一个简单会客区。利用楼梯下方的私密性的特点，摆放一组精美的沙发椅，便可成为无话不谈的最佳场所。

如何设计隐形隔断

隐形隔断一般用于房间较小但要有功能区分的空间，还有采光不好的空间，用了隔断会影响光线。一般隐形隔断可以从地面、吊顶、墙面和软性装饰这几个方面着手来进行区分。

1. 地面。首先可以采用材质的变化区分。如客厅和餐厅可以用不同材质、颜色和图案等加以区分；还有落差，有的会把餐厅部分做高一些，通过高度来划分空间。

2. 吊顶。有高低、形式上的简与繁等区别。一般餐厅的吊顶跟客厅比起来会压得比较低，这样客厅就会显得很宽阔，人待在客厅里比较舒适，而且餐厅里要求灯光比客厅要亮一些。

3. 墙面。主要是颜色和材质有所不同。餐厅一般需要鲜艳一点的暖色调，这样有利于促进食欲；而客厅为了显得比较大，多使用浅色系，扩大空间感。

4. 软装饰。植物、大型藤艺、木雕、石雕等都可以根据不同的装修风格来使用。

如何设计家具隔断

在用家具作隔断的布局中，采光和尺寸是最需要注意的两大问题。如果采光效果不好，再好的隔断家具也会使得空间昏暗而压抑，而尺寸不对，会使整个居室显得压抑。

采光问题可以通过灯光的运用来调节，尺寸问题需要注意的是装饰柜、沙发和书柜的大小。装饰柜的尺寸要根据门厅的宽窄来定，高度最好高于一般人的身高；沙发的尺寸应该依据客厅的面积而定，摆在中央的沙发最好不要太大；书柜的大小依据卧室与书房的距离来确定，切忌让书柜的宽度超过一扇门的宽度。

书房有哪几种设计形式

书房的设计形式大致分以下几种：

1. 封闭型。封闭型书房较为独立完整，与其他房间之间完全分开，干扰较小，工作效率高，藏书型和工作型书房一般采用这种设计。

2. 开敞型。这种书房与其他房间之间有一定程度的分隔与界定，但是受其他房间的干扰较大，不适合高效率的工作。

3. 兼顾型。如果由于房型或面积的限制，不能设计单独的书房，有些业主会将卧室一处构成套间或卧室的一端设计成书房，这就是兼顾型书房，不过这种形式的书房要尽量避免与卧室的相互干扰和影响。

如何把书房与客厅相结合设计

如果客厅面积较大，超过 40 平方米甚至是 50 平方米的，可以单独设置一个小书房区域。客厅的建筑结构中有柱子或梁的，或者是别墅的客厅都比较适合将书房加入进来，可以做一个敞开式或半敞开式的书房。如果面积较小，可以设置一个小型工作区。不过这样在设计时要以简易和合理利用空间为主，建议参照以下原则：

1. 做好功能区分。客厅作为会客、休闲的公共区域和书房相对安静的功能需求是相悖的，客厅一旦加入了书房功能，就需要通过隔断、横梁等来实现功能分区。

2. 有效整合空间。客厅和书房不能完全代替对方的功能，但是在设计中，书房和客厅的功能有时又是可以结合的。小面积的客厅，完全可以利用茶几、储物柜等家具来实现两种功能的合理搭配。比如，客厅的会客区可以设置得更轻松些，来客人时将它作为会客区，而无人拜访时则又能作为休闲读书区。

如何把书房与卧室相结合设计

假如有夜间阅读的习惯，可以在卧室中设计一个书房，既可以方便睡眠，又免除了夜间惊扰家人的忧虑。但这种设计的前提是卧室面积一定要大。书房与卧室相结合设计通常有以下几种形式：

1. 独立型。书房最好设置在外间，与卧室分开，各成单独的房间，但中间有门户相通，这样能有效保证家人的正常休息和使用者独立的作息。

2. 关联型。书房与卧室连为一体，中间采用隔断划分区域。这种情况需要卧室面积比较大，而且卧室中的人休息时间最好一致。

3. 一体型。喜欢卧读的人，可在床上放一个可折叠的小型书桌，方便读书时做笔记，也避免手举书

时间过长的疲累。或者在床边设计一张小书桌，双层书架悬吊于空中以节省空间，用落地灯解决夜间读书的照明之需。

如何设计小面积的书房

1. 小面积书房装修设计的第一要点就是最大程度地利用空间，创造出收纳性强、具有展示效果与错落感的书房空间。书房的墙面、地面、顶面与角落都要利用起来，推拉门、薄型书柜、小型绿植等设计元素能够起到增加书房视觉空间的效果。

2. 对于小面积书房而言，除了为书房设置高亮度的主灯照明之外，还要设置亮度较高的地灯、射灯配合使用。因为较高亮度的书房照明可以增大书房空间感、降低小面积书房阴冷、局促的感觉。

3. 如果书房面积过小的话，也不妨使用镜子来营造空间的错觉感。建议将镜子设置在狭窄的、阳光无法直射的位置，这样既可以令狭窄的位置显得宽敞明亮，又能避免阳光直射产生光反射造成的光污染，从而获得较好的空间视觉效果。

厨房设计注意哪些重点

橱柜设计、灶具位置、通风能力和开门方向是厨房设计的四大重点。

1. 因为橱柜是厨房中最重要的定制型家具，所以应格外注重。对于普通家庭的橱柜而言，只有以实用、简约为设计主思路的橱柜才是好用的。

2. 灶具的位置更是要慎重对待，通常建议业主将灶具的位置确定在距离烟道较近、灶具边方便放置调料盒、空气流动性较好的地方。

3. 厨房的通风能力也非常重要，全封闭式厨房容易

沉积油烟，造成清洁麻烦，并且对于饮食安全也是不利的。因此，在装修厨房时，绝对不要破坏厨房的通风能力。

4. 此外，还有一个容易被业主们忽视的问题，就是厨房门的开门方向。不当的开门方向可能会妨碍橱柜、灶具、水池的使用，严重的情况下甚至会造成一定的安全隐患。因此，建议业主根据自身实际情况选择开门方向，并且尽量选择远离火源的墙体方向。

厨房设计注意哪些细节

1. 水池的细节问题。在宽度上不应过窄，在设计上最好与操作台连在一起，上方的吊柜高度也要精确测量，否则会增加劳动强度。

2. 台面的宽度与吊柜的宽度有一定的比例，设计时应当注意，否则操作时可能会碰头。

3. 吊柜的柜门开启方式最好是上掀式的，方便又实用。

4. 底柜柜体的布置最好多选用抽屉，这样储物较多，而且一目了然。吊柜最好使用玻璃门或带玻璃边框的，这样可以让厨房在视觉上不会感到压抑。

如何确保厨房的安全使用

1. 尺寸设计。吊柜的高度以及吊架的挂设高度，甚至厨房中悬挂物的尺寸都要好好计算。高度上应该根据家人的身高来设计，宽度上，吊柜的宽度应设计得比工作台窄。

2. 抽油烟机的高度设计。一定要以使用者身高为基准，最好比头部略高一点，否则会撞到头。另外要注意，一般来说抽油烟机与灶台的距离不宜超过60厘米。

3. 灶台设计。灶台最好设计在台面的中央，保证灶台旁边预留有工作台面，以便炒菜时可以安全及时地放置从炉上取下的锅或汤煲，避免烫伤。

4. 边角设计。有时为了造型的好看，会把厨房的台面、橱柜的边角或是把手设计得很尖，但是这样很容易碰伤或划伤使用者，所以最好用圆弧修饰橱柜及把手的边角。

5. 厨房门的设计。为了确保往内开的厨房门不会因突然开启而撞到正在备餐的人，最好改为外开或推拉门。

如何设计小户型的厨房

1. 在有限的空间里要合理设计。小厨房的空间安排需要很紧凑，在有限的空间里，要满足必要的料理和储物功能。在厨房中一些闲置的小角落，可以因地制宜地定制合适的柜体。

2. 卷帘的设计可以帮助隐藏收纳。在厨房做菜时，经常需要一些物品处在随时可供取用的状态。但是小厨房空间有限，只能将这些物品放入橱柜内部，需要取用时就非常麻烦，在做橱柜时，留出简单空位设置一个卷帘，里面可以摆放经常取用的物品，用完后就放回原处，这样能够节省空间。

3. 搁架填空收纳空白。要充分利用厨房的墙面，水槽上方等不方便安装吊柜的地方，可以安装墙面搁架，把零七碎八的盘、杯、调料瓶、铲子、勺子等全部收纳，这样在保证随手取放便捷的同时，也可以避免它们占据橱柜的台面空间。

4. 将电器纳入橱柜。在功能完备的同时还要注意最大限度地提高空间利用率，让视觉空间尽可能显得宽阔。将众多电器尽量容纳进橱柜里，能够让台面显得清爽。

5. 充分利用料理台。将料理台延伸出来做成小餐台，对于开放式厨房来说，也是不错的构思，这样不仅能达到延展空间的效果，还能将餐厅与厨房合二为一，让用餐区域温馨而实用，而且餐台上装置的灯光可以增添装饰效果。

如何在小户型的厨房中设立用餐区

如果要在厨房中设立用餐区，最好一开始就将其设计在内，做到合理规划，有效利用空间。在厨房中设立用餐区有以下几个方法：

1. 将窗户边的位置让给餐桌，因为这里空气最流畅，可以观看到室外景色，还能减少油烟对用餐的影响。

2. 如果厨房空间较小，尽量采用小型用餐区，可以选择壁式安装的折叠桌为餐桌，不用的时候紧贴墙壁，能够节省不少空间。

3. 一般情况下，建议将折叠桌设置在普通桌子的高度，通常为74厘米左右。如果用餐区还要兼顾吧台的作用，那么折叠桌也就是吧桌，其高度要根据吧凳的座高来设置，一般距离地面95～106厘米，而座位距离桌面的距离保持在30厘米左右是最为舒适的。

如何设计厨房的照明

1. 厨房的照明往往被忽略，大多数家庭只是在吊顶上安装照明灯，但是，吊灯从顶端射下来的光线会被人体遮挡。所以，应当在操作台、水池上方安装照明灯。

2. 如果在橱柜下方安装橱柜灯作为补充照明，需要预留电线，电线的预留位置要适当，尤其对于单个照明灯，考虑到美观性，最好设置在灯的中心位置。

3. 对于没有预留线路的厨房来说，橱柜与吊顶之间的空间可以用来安置照明灯。灯杆稍长的灯具比较好，这样能减少上柜对光线的遮挡。

4. 多数情况下，业主往往是在入住后才发现厨房操作区光线不佳，由于前期装修时并没有预留电线，这时在橱柜下方安装照明灯并不现实，最简单的方法是安装夹式射灯，不过可能不够美观。为了弥补视觉审美上的不足，可以考虑将照明融入墙面的搁板。将搁板设计成类似灯箱的结构，在其中安装灯管，一方面可以补充照明，另一方面，搁板上方还可以放置酒具或者调味瓶。

🏠 如何设计开放式厨房

首先考虑的是面积问题。面积不大、又不经常在家做饭的家庭，比较适合具有较好的视觉通透性和空间延伸感的开放式厨房。不过，由于开放式厨房的油烟容易溢出到其他室内空间，所以对于经常在家做饭的家庭，这种设计并不适合。

其次要考虑打理的问题，开放式厨房与相邻空间互相融合，这种情况下要求业主具有较好的卫生习惯，做到经常随手清洁台面、地面。

另外，高功率吸油烟机是开放式厨房所必备的，避免油烟的扩散；更大、更科学的收纳空间也是必要的，以保证橱柜台面的整洁度；开放式厨房与相邻空间最好能够设置隔断分割，比如矮柜或订制餐桌。

🏠 先做橱柜还是先买厨房电器

在装修过程中，如果先做橱柜，不能精准确定油烟机的烟管粗细、灶具开孔大小等细节尺寸，会影响烟道安装效果，造成油烟扩散；如果先选电器，可能会使电器的风格影响到厨房的设计，进而影响家装风格的统一。解决方案有两种：

1. 为了完美地配合厨房装修和厨房电器，可以先确定自己喜欢的橱柜风格，再去挑选厨房电器，把必要的尺寸交给设计师统一设计。

2. 可以选择整体厨房。依照厨房本身的空间结构、照明特点以及烹调者的身高、色彩偏好、文化修养、烹饪习惯，参考人体工程学和装饰艺术进行设计。

🏠 如何在厨房放置冰箱

有些家庭的冰箱被随意放置，甚至放在厨房之外的角落里或餐厅里，这样会给使用者造成不便，如从冰箱中取出的食物不能随手放在操作台上。放置冰箱时应注意以下几点：

1. 应在离厨房门口最近处放置冰箱。使采购的食品可以直接进入冰箱而不经厨房，而在做饭时，第一个流程即是从冰箱中拿取食品。

3. 冰箱附近要设计一个操作台，上面可以对取出的食物进行简单加工。

3. 不论厨房的形状和大小情况如何。以冰箱为中心的储藏区，以水池为中心的洗涤区，以灶台为中心的烹饪区所形成的三角形流程，最好形成正三角形，这样设计省时省力。

如何区分卫浴间的功能格局

卫浴间的功能格局直接影响到空间的使用率，因此，合理地安排面盆、坐便器、淋浴间、储物柜、通道，则显得尤为重要，尤其是对小户型卫浴间而言。其中，从卫浴间门口开始，按高矮顺序逐渐深入，由低到高布置面盆、坐便器、淋浴间最为关键。洗手台向着卫浴间的门，坐便器紧靠其侧，把淋浴间设置在最里端的布局方式最为理想，这样无论从使用、功能还是美观上讲都是最科学的，当然，如果选择干湿分区的布局，那么一定要把面盆、坐便器、通道与沐浴区分开，尽量在确保通道通畅的前提下，合理地安排面盆和坐便器的位置。

如何确定卫浴间的装修尺寸

要将卫浴间进行合理地布局，首先需要了解各种卫浴的常见尺寸和必留活动空间的尺寸。

一般来说，悬挂式洗面盆占用的面积为50厘米 × 70厘米，圆柱式洗面盆占用的面积为40厘米 × 60厘米，正方形淋浴间的面积为80厘米 × 80厘米，浴缸的标准面积为160厘米 × 70厘米；坐便器所占的面积为37厘米 × 60厘米。

　　但是人在使用时所需的活动空间也一定要考虑进去，例如，如果安装一个中等大小洗面盆，并能容下一个人在旁边洗漱使用，需要的空间至少为 90 厘米 ×105 厘米。两个洁具（包括坐便器和洗面盆或者洁具和墙壁）之间应预留 20 厘米的距离，以方便手臂的基本抬动。如果想要在里侧墙边安装一个传统浴缸的话，卫浴间至少应该有 180 厘米宽。如果浴室比较窄的话，可以考虑安装小型浴缸。为保证最基本的走动和活动空间，在具体安装上，浴缸和其他墙面或洁具如坐便器之间至少要有 60 厘米的距离，与对面墙之间的距离最好有 100 厘米，最后，浴室镜应该装在大概 135 厘米的高度上，以确保镜子正对着人的脸。

🏠 如何设计小面积的卫浴间

1. 合理利用边角空间的家具。很多卫浴间会有某一面墙没有安装洁具或放其他物品。这时不妨依墙的宽度挑选一款立式收纳柜，依墙而立，能够收纳不少卫浴用品。

2. 尽量选择可一物多用的家具。现在很多卫浴间家具不仅仅具有一项功能，比如镜柜的设置，既可以存放一些零碎的洗浴用品，也可以作为化妆镜使用。

3. 挂墙台盆上下空间的利用。如果卫浴间安装的是挂墙式台盆，那么台盆的上下方空间都有了可利用的余地，在下面安置可以收纳物品的浴室柜是最常见的做法，上方则可以安装镜柜。

4. 有效利用墙面。如果卫浴间面积小，就要充分利用空间，可在墙面上安装一些固定的浴巾环、牙缸托和老年人必备的扶手等。除此之外，还可再用一个简单的玻璃架或金属架摆放化妆品；或者将储物柜镶在墙内，用时拉出，不用时隐藏起来。

🏠 如何扩大小面积卫浴间的空间感

1. 经典的白色是许多卫浴间常用的色调，当然，在小户型卫浴间里使用大量的白色还有扩大视觉效果的作用，然而单一的白色比较普通，可以选择珠光白使浴室显得与众不同。

2. 和墙面平行的移门是为了预留出更多的地面空间而特别打造的，除了具有节省空间的优点之外，还能将两个空间有效地合为整体。

3. 狭小的浴室空间可以运用良好的光照条件来防止拥挤和压抑的感觉，如化妆镜旁的壁灯及天花板的顶灯等。当然，如果卫浴间里正好有扇窗户，那么自然光线的照射就是最佳的选择。

4. 透明玻璃材质的置物架可以增加浴室的空间感，相比厚重的浴室柜，轻盈且灵活的置物架可以根据自己的需求安装在浴室中。

5. 传统的方形洗面台，运用到小面积卫浴间里时，就可以将两角削去以节省空间。

6. 小面积的卫浴间内可安放两面大镜子，一面贴墙而立，一面斜顶而置。这样不仅遮住了管道，也足以让卫浴间产生扩大的视觉效果。

如何设计小面积卫浴间的收纳

1. 在墙面上采用搁架和储物柜相结合的方式，并采取开放和封闭相结合的方法，将最大限度地增加储物面积，而且也避免了小户型卫浴间常见的杂乱现象。

2. 因为包管道和通风凭空多出的颇占空间的墙垛，虽然不能拆除，但完全可以巧妙改造，比如在浴缸周围的墙垛上打几个凹洞，用来摆放洗浴用品或者装饰品。如果在凹洞的表面铺上与周围墙壁有色差的瓷砖，还能增加空间的层次感。

3. 采用占地面积比较小的墙排式坐便器，因为没有常规水箱而留给墙面更多的空间。在不影响功能使用的情况下，可以利用这些空间做一些玻璃、金属等材质的搁架，放置卫生用纸、手巾等。

如何实现小面积卫浴间的干湿分区

1. 地砖分区。小卫浴空间不适合大动干戈，可用不同材料处理地面。如在安置浴缸和淋浴器的地方用耐水性能好的瓷砖，而在盥洗区附近选用防水的室外地板等材料，以划分干湿区。

2. 浴帘分区。浴帘安装简单，可以避免沐浴时打湿卫浴用品。

3. 浴帘加矮墙。独立的造型浴缸固然漂亮，但是在里面洗浴时难免会水花四溅。虽然有浴帘可以用来遮挡，但是如果选用内嵌式浴缸，用浴帘加矮墙来进行干湿分区会更加保险。

4. 吸水脚垫。在浴缸或者淋浴区出入口放上防滑脚垫是很必要的，选用吸水力强的脚垫也是保持干区干爽的好方法。但是需要注意的是：织物脚垫在潮湿的环境中容易滋生细菌，所以需要经常清洗或者更替。

5. 并不一定要将干区和湿区都设置在卫浴间里面，可以利用卫浴间外面的空间来设置干区，当然这要选择合适的位置。

如何设计卫浴间的灯光照明

一般来说，卫浴间面积较小，整体选择白炽灯，化妆镜旁设置独立的照明灯是不二的首选。有些业主将镜子周围设置一圈小射灯，虽然美观，但射灯的防水性能稍差，只适合于干湿分离的卫浴空间。而对面积较大的浴室，可在盥洗盆的镜上或墙上安装壁灯，使用间接灯光制造强烈的灯光效果。

如果要安装天花灯，最好在面盆、坐便器、浴缸、花洒的顶位各安装一个筒灯，使每一处关键部位都能安心使用。多数浴柱在顶部喷头附近设置了柔和的灯光，淋浴区无须再分装照明灯，即使浴帘遮住部分卫浴间的灯光，洗浴的采光也不受影响，可谓一举两得。

如何选择更有设计感的卫浴间瓷砖

1. 对于面积较小的卫浴间，浅色瓷砖有利于扩展视野空间，反光也可提高小空间亮度。可以选择永远流行的白色系，也可以青睐红、橙、蓝等冷暖色调的花饰瓷砖，其实，二者都具有明快、简洁、时尚的特点。

2. 单色瓷砖难免会令人乏味，通常与花式瓷砖搭配使用。其实，单色的同色系瓷砖使用时稍加变化，同样可以无限精彩。如卫浴空间较大，可运用大量深色系瓷砖配浅色系瓷砖，既不失稳重，又活跃气氛；如空间有限，多选用浅色系瓷砖可扩大视觉效果。

3. 手绘瓷砖并非只有品牌提供的固定图样款式，还可以将自己喜爱的人物肖像、风景照片、世界名画，或者自己手绘的图画，交由厂家订制，虽然价格会比较贵而且要等待一段时间，但可以拥有专属于自己的产品，还是值得的。

4. 空间结构比较简单的浴室，不妨以带有特殊纹样效果的瓷砖作为装饰手段。运用条纹图案的瓷砖强调出淋浴空间，带来强烈的视觉效果，错落的排列方式还可营造出立体感；或者用条纹瓷砖来装饰浴室镜框、窗框，都是很好的创意。

怎样购买装修材料不被坑

市面上的装修材料品牌越来越多,
使得很多业主在选购的时候挑花了眼,
而装修材料的好坏会直接影响到新家装修的质量,
那么怎样选购装修材料才不会被坑呢?

装修主材按什么顺序购买

1. 开工之前需要订购的主材：橱柜。进行水电改造时要根据橱柜位置确定水管和电线的路线，所以橱柜必须提前定好；卫生间洁具。卫生间也需要进行水电铺设，因此要定好卫生间洁具，再根据洁具的尺寸和位置来确定埋水管和电线的位置；厨房热水器。厨房的热水器种类，需要在水电改造之前确定，如果选用即热式热水器，还需要在电路改造上专门设置一组线。

2. 接下来依次进场的主材：开工后首先进行水电改造工程，所以这个阶段需要准备水电改造的材料，主要包括电管及辅件、水管及辅件、电线、暗盒等；接下来进行瓷砖铺装工程，需准备墙地砖和踢脚线等；再来是为木工工程准备的木材，一般会自己打造木家具或者木门；接着做墙面油漆；然后安装浴霸、洁具和龙头、花洒等卫生间洁具；最后是安装预定的橱柜、木地板、抽油烟机、灶具和热水器、灯具等。

如何选购线条类材料

线条类材料主要有各种硬木线条、雕花木线条、意大利式图案装饰条、石材线条、铜线条、铝合金线条和不锈钢线条等。

普通木线条常用规格是 2～5 米，可油漆成各种色彩和木纹本色，可进行对接拼接，以及弯曲成各种弧线；雕花木线条有高档白木、榉木、栓木、枫木和橡木等材质，多用于高档西式装饰中，价格昂贵；铜线条可用于楼梯踏步的防滑线，楼梯踏步的地毯压角线，高级家具的装饰线，还可以与石板材料配合，用于高档装饰的墙柱面、石门套、石造型等场所、部位等；铝合金线条可用于家具上的收边装饰，玻璃门的推拉槽及地毯的收口线，也常用于装饰面的压力线、收口线以及装饰画、装饰镜面的框边线，还可在墙面或顶面作为一些设备的封口线。

选购木线条注意哪些问题

品牌。选购时最好购买名牌产品，通常名牌产品的原料都是进口优质方料，木材改性处理工艺和配套设备齐全，生产出的木线光滑、不变形、尺寸准确、色彩鲜艳均匀；而小作坊生产的木线条则较为劣质，质量不稳定，颜色暗淡，没有光泽，疤结和黑色水线多，而且极容易扭曲变形、爆裂、起毛、变色，尺寸误差也较大。

种类。根据装修需要，木线条有清油和混油两类。清油木线材质有黑胡桃、沙比利、红胡桃、红樱桃、曲柳、泰柚、榉木等种类，材质较好，售价也较高；混油木线材质有椴木、杨木、白木、松木等，售价较低。

如何选购装修木料

选购装修木料要注意产品的体积和含水率。按照相关标准，测算木材体积的时候，木材宽度应在材长范围内除去两端各 15 厘米厚的最窄处检量，但一些不法商家为了增加计算体积，经常在锯材的中间测量，业主在购买时一定要特别注意，以免上当受骗。木材的含水率可以通过用手掂的方法来判断，一般含水量越大木材越重，另外还可以把手掌放平在木材表面感受板材的潮湿度。一般合格的木材含水率应在 8% ~ 12% 之间，在使用过程中才不会出现开裂和起翘。

如何选购木饰面板

选购木饰面板要考虑产品的外观、材质、厚度等方面。在外观上，好的木饰面板要求表面平整，自然翘曲度相对较小；木材的纹理特征明显，木纹统一、自然。在材质上，好的木饰面板材质细致均匀、色泽美观、木纹清晰，纹理按一定规律排列，无疤痕。在厚度上，通常表层木皮越厚的木饰面板质量越好。

最后还要注意，木饰面板是需要实木线条收口的，一般市场上同一种类的木饰面板和实木线条不一定是一个颜色，所以为保证涂过油漆以后的一致性，业主一定要注意把实木线条同木饰面板一起选好。

如何根据风格搭配护墙板

护墙板通常不适合现代风格，而适用于英式、美式、法式、田园等偏欧美的设计风格，同时不同的设计风格又有不同的细节搭配要求。

英式风格色彩较凝重，体量感大，可选用实木质感、颜色较重并带有木纹路的深咖、橡木色护墙板；美式风格特别是美式乡村风格比较自然、粗犷，可选择采用板材拼接、中部饰面为竖线条造型的护墙板，另外护墙板的木质纹理要清晰；法式风格整体色彩相对来说比较清新，通常可选用白色、米白色等的浅色半墙护墙板；田园风格浪漫、写意，可选用中间为雕花花样或没有造型，只有纵向分线的简洁款护墙板，另外颜色上最好选择浅色系。

如何选择天然石材的颜色

天然石材颜色丰富，在选购时要考虑不同颜色石材的装饰性能，也要注意其放射度。业主可根据自己的装饰风格来选择石材颜色，但还要注意不是颜色越鲜艳的石材越好，不同颜色的石材有不同的放射度，其中红、绿色石材放射量最大，黑、白色石材放射量最低，有老人或小孩的家庭要谨慎选择。另外如果非常喜爱鲜艳的颜色，要注意不要将其用于停留时间长的房间内，如卧室和书房等。

如何鉴别天然石材的质量

石材质量要从外观、声音和密度等几方面去鉴别：首先，在外观上，质量好的石材质感细腻，颗粒均匀，细微裂缝少或没有，不会出现缺棱角的情况。另外，在声音上，好的石材敲击时声音清脆悦耳，若敲击声粗哑，则说明石材内部存在显微裂隙或因风化导致颗粒间接触变松。最后，在密度上，密度越高的石材质地越好，业主在购买时可以在石材的背面滴上一小滴墨水，密度高的石材墨水会在原地不动，如果石材内部颗粒松动或存在缝隙，墨水就会很快四处分散浸出。

不同功能细部如何选择大理石

客厅地面：如果家里装地暖，最好选择耐高温性好的人造石材，推荐西班牙米黄、美国白麻、加州金麻等大理石。

卫浴间地面：重点注意石材的防滑性能，还要注意防潮、防酸、防碱、耐高温，拼凑性，最好选择人造石材，推荐新西米、雨林啡、木纹黄等大理石。

阳台：重点注意防滑性和耐磨性，还要注意长时间使用不会褪色，推荐英国棕、黑金砂、蓝钻等大理石。

窗台：重点注意装饰性，推荐深啡网、雅士白、爵士白、紫罗红等大理石。

电视机背景墙：重点注意装饰性，可选择花纹自然的天然石材，如花岗岩等，推荐浅啡网、米黄洞石等大理石。

如何鉴别大理石的质量

外观：优质的大理石外观质量好，缺陷少，很多大理石在加工过程中会在表面留下一些缺陷，若缺陷超出了国家标准规定的范围即为劣质产品，使用后影响装饰效果。

花色：优质大理石的表面花纹色泽美观大方，雍容华贵，装饰效果好；而劣质的大理石经加工后表面花纹色泽不美观，装饰效果差。

规格：装饰用大理石都是加工成板材使用的，施工时采用拼铺或拼贴的方法进行，所以要尽量选择规格尺寸偏差小的大理石，否则铺贴后表面会不平整，接缝不齐，立面装饰时线形不整齐，影响整体装饰效果。

瓷砖有哪些种类

文化石。在一些个性和崇尚自然风格的居室中往往采用它来装饰墙面或地面，表面模仿天然岩石的凹凸不平和点点晶体反光，装饰在室内有一种返璞归真的真实感。

釉面砖。釉面砖是在砖表面烧有釉层的瓷砖。这种砖分为两大类：一是用陶土烧制的，因吸水率较高而必须烧釉，因强度较低，现在很少使用；另一种是用瓷土烧制的，为了追求装饰效果也烧了釉，价格比陶土烧制的瓷砖稍高。瓷土烧制的釉面砖广泛使用于家庭装修。

通体砖。这是一种不上釉的瓷质砖，有很好的防滑性和耐磨性。一般所说的防滑地砖，大部分是通体砖，由于这种砖价位适中，所以深受欢迎。

抛光砖。通体砖经抛光后就成为抛光砖，这种砖的硬度很高，所以非常耐磨。

玻化砖。是一种高温烧制的瓷质砖，是所有瓷砖中最硬的，有时抛光砖被刮出划痕时，玻化砖仍然安然无恙。

如何选购瓷砖

外观：优质的瓷砖的表面光洁、平整、规则，无颗粒感，无外伤或裂纹等现象。

形状：优质的瓷砖几何形状误差小，厚度均匀，业主购买时可先测量一下瓷砖的厚度和四个边角与对角线的长度是否均匀一致。

声音：购买时可用手托住瓷砖的中心部位，以木棒（或其他瓷砖）来敲击手中瓷砖的边缘部分，优质的瓷砖声音响亮清脆，无沉闷感或其他异常。

重量：通常越重的瓷砖密度越大，质量越好。

颜色：主要看色差，任何瓷砖都会存在色差，色差越小的产品质量越高，业主购买时可从几个包装中随机抽出几块对比观察。

图案：优质的瓷砖图案连接清晰、过渡自然，无过大缝隙和断点。

如何选购瓷砖拼花

价格：目前市场上的瓷砖艺术拼花的价格主要取决于加工图案工艺的难度，工艺难度越高价格越贵；另外价格还受产品尺寸的影响，一般面积越大价格越高；并且大理石材质的艺术拼花因为材料的价格偏高，造价一般为同样尺寸、图案的瓷砖材质艺术拼花的 1.5 倍。

搭配：要根据不同的装修风格选择不同的瓷砖拼花，如现代简约风格可选择线条流畅、色彩醒目、纹饰抽象的图案，以体现轻松、休闲的特点；而中式风格可在墙面、地面上铺贴梅花、云纹、回纹等极具中国古典特色的纹样，还可以采用一些文字来彰显文化和民族气息。

如何合理计算瓷砖用量

实际上最令人头痛的并非是挑选瓷砖的品种，而是瓷砖的用量，一般全包装修，会出现虚报用料面积，清包装修则会让业主尽可能地多选购材料，来减轻施工难度。

因此，在选购瓷砖前一定要计算好需要铺贴的面积，现在不少建材商店都备有换算图表，购买者可根据房间的面积查出所需的瓷砖数量。有的图表只要了解墙面的高度和宽度便可查出瓷砖的用量，同时，瓷砖的外包装箱上也标明单箱瓷砖可铺贴的面积。在测算好实际用料后，还要加上一定数量的损耗。

此外，选购素色的瓷砖时想要加入一些有鲜艳颜色的瓷砖加以点缀，可先对贴瓷砖的墙面进行设计，这样估算数量就简单了。也可以将纸剪成瓷砖大小贴在墙面，虽然花费时间，但可以看出铺贴的效果，同时测算出的用量更加确切。再有，选购瓷砖最好是购买同一批号的箱装瓷砖，以避免颜色的不同。

如何选择地砖的颜色

1. 不同颜色的地砖能营造出不同的氛围，业主可根据自己的喜好选择。如米黄系列富丽堂皇、高贵典雅；石纹色系列古朴厚重又显得有内涵；蓝色和绿色系列清新自然又显得辽阔深邃；红色系列热情华丽，富有个性；土色和赤土系列有田园风情，愉悦舒适；灰色系列具有文化品位；黑白对比系列可增加地面的层次感和结构感等。

2. 不同的色调的瓷砖也能给人不同的视觉感受，暖色调的墙面温馨明媚；冷色调的墙面凉爽清透；素色、白色、灰色等浅色干净简约，适合采光较差的房间；黑色、红色、黄色等深色深沉厚重，适合采光较好的房间。

3. 瓷砖颜色还要与居室墙面的家具、窗帘、布艺、贴画相搭配，形成和谐统一的效果。

如何选择卫浴间瓷砖的尺寸

卫浴间瓷砖的一般选用规格为：墙面用 300 毫米 ×450 毫米配套 300 毫米 ×300 毫米的地砖、250 毫米 ×330 毫米的墙砖配套 330 毫米 ×330 毫米的地砖或者用 200 毫米 ×300 毫米这种很小的瓷砖；卫生间墙砖的腰线高度一般为 0.9 米。

面积较大的卫浴间墙砖可以用 300 毫米 ×450 毫米规格或是 300 毫米 ×600 毫米规格，若想装修高档点也可以用 300 毫米 ×600 毫米规格的仿大理石墙砖；如果卫浴间面积较小，建议使用 200 毫米 ×300 毫米或是 250 毫米 ×330 毫米规格的墙砖，但 200 毫米 ×300 毫米的规格目前应用较少。

如何选购实木门

首先业主可以通过敲击门面的方法来判定，一般来说质量好的门声音均匀沉闷。另外可以通过掂重量来判断，一般较重的门内的填充物多为实心或部分实心的，轻的则多为空心材料。但有些商家为了增加重量会将一些下脚料充当填充物，所以业主购买时还

要看一下价格，通常好的产品价格相对要高一些。在木纹上，一般表面花纹光洁整齐，看起来非常漂亮的大多是贴上去的实木木皮，不是真正的实木门，纯实木门表面的花纹一般非常不规则。在门套材质上，业主要注意并不是所有的门套和门扇都会使用同一种材质，实木门扇不代表就会用实木门套。在购买的时候最好问清楚商家门套与门扇是否为一种材料，因为如果实木门的门套用密度板制成，由于不含木纤维，遇水容易发泡，会导致门框变形。密封条位于门套和门扇的接触部分，摸起来比较柔软，直接关系到门的致密性。为避免关门后总有一道缝的问题，一般正规的厂家都会加上密封条。

🏠 选购厨房移门注意哪些问题

选择厨房移门时要考虑门的玻璃、铝材以及门的轨道和滑轮等方面。移门玻璃主要有普通白玻、磨砂、雕花、钢化、夹心等，价格依次由低到高，业主可以按个人喜好选择。移门的铝材主要有薄、厚两种，薄铝材厚度大约是 1.2 毫米或者更低，颜色多样，选择范围较广；厚铝材的厚度是 1.5 毫米左右，但颜色较少，只有黑、白、香槟和本色几种。移门的滑轮分单轮和双轮，单轮是一个轮子卡在轨道里面，双轮两个轮子分在轨道两边，一般来说双轮要好于单轮。轨道也分双轨和单轨两种，双轨可以做出两扇门对开，单轨只能做一扇移门。另外，轨道还有单做吊轨的，没有下轨。

🏠 如何选购楼梯

选购楼梯时要全面考虑楼梯的外观、材质、声音及扶手等特点。首先，优质的楼梯所有部件表面都应光滑、圆润，踏板也要做圆角处理，没有会对人造成伤害的突出的、尖锐的部分。其次要考虑环保性，楼梯的材料和生产工序都必须是环保的，以防挥发出有毒的化学物质，危害人的身体健康。声音方面主要是指不能有太大的噪声，噪声大的楼梯一般踏板材质和整体设计都不会很好，业主购买时要亲自去踩一下。扶手最好选购感觉暖一些的，如果扶手的材质用的是金属，最好要求厂家在金属表面做一下处理。

🏠 如何确定购买地板的时间

供货：如果选购进口地板，最好提前预订，因为在购买进口地板的时候，一般各个厂家供货量较小，供货周期相当长。会出现看好花色没有货的情况，在高峰的时候，安装也会拖很久，很多的厂家会告知客户一周后甚至一个月后才能拿到货，而且木地板在安装后，还需要几天自然的晾放时间，不能马上就用，给入住带来了不便。

促销：很多的木地板厂家通常会在节假日做一些促销活动，如果家装的时间正好赶上促销活动，通过节日时间购买木地板，可减少经济开支。

装修进度：购买木地板的时间要尽量提前，最好提前 20 天左右，不能放在购买工作的最后，因为地面材料是整个家装的背景颜色，和墙壁的颜色以及木制品形成整体的家装环境，如果木地板的购买放到最后就会因为时间和安装的问题，影响整体装修的搭配和进度的调整。

🏠 为什么地板会出现一些正常的色差

树木材质：不用树木不同部位做成的木地板颜色会有差异，比如靠近树根的部分颜色相对较深、重量也较大，靠近树皮的地方颜色浅，重量轻，靠近树心的地方颜色深，重量大。

开板方式：不同开板方式的木地板纹理不一致，会出现色差，在安装时需要人工调整。

材质密度：材质密度不同的木地板也会有颜色上的差异，因为木头是多孔性材料，不同部位的材质疏密不一样，各部位吸引光线和油漆的程度也不一样。通常花纹大而粗的木种色差较大，纹理小且细腻的木种色差较小。纹理大而粗的地板铺装整体感觉粗犷自然，具有野性之美；纹理小且细腻的地板清爽干净。

工艺： 木地板加工工艺的不同也会造成色差，工艺越好的地板色差越小，质量也越高。

选购实木地板注意哪些重点

尺寸： 大面积空间适合选择深色的大幅面地板，美观大气；小面积空间适合选择浅色、小尺寸地板，使空间显得宽敞。

颜色： 偏红色地板如番龙眼等温馨宁静；深红色地板如沙比利等豪华庄重；白枫木色地板高雅实用，风格现代；带白色纹理的原木色地板如栎木、白蜡木等使居室舒畅、明朗、整洁；胡桃木色的地板如黑胡桃、楸木等庄重高贵。

功能： 不同功能的空间要选择不同的木地板，以客厅为例，客厅是日常活动和接待客人的主要场所，因此宜采用木质纹理清晰自然、色彩柔和的地板，以营造明朗、和谐的氛围，并且还要注意客厅地板的耐磨性。

如何选购实木复合地板

表面材质： 有水晶面、浮雕面等品种，水晶面表面光滑，较易清洁，耐磨性较好；浮雕面效果好，表面有凹凸，但容易陷入灰尘，不易清洁。

连接方式： 有锁扣和非锁扣两种，锁扣能把两块地板扣得更紧密，也更平整，但也应上胶，使地板连接更牢固，防止水分渗入板缝。

检测报告： 购买时要注意向经销商索取产品的检测报告，如耐磨的转数报告，环保的苯挥发量检测报告等。

价格： 最好选择知名度较高的品牌产品，每平方米价格至少要在 100 元以上，以保证质量和服务。

如何选购强化地板

颜色： 优质的强化地板呈木质纤维本色，花色逼真、清晰，背面颜色均匀。

纯度： 优质强化地板基材纯度高，无其他杂质，强度高，边缘无脱落现象。

气味： 优质强化地板燃烧时发出类似于烧棉花的气味，如有刺鼻气味则说明甲醛含量较高。

燃烧性： 可点一支香烟放在地板表面自然燃烧完毕，表面不留痕迹的才是合格地板。

耐磨性： 可用一小块木工砂纸在地板表面来回地磨上十几下，优质地板表面不会留下痕迹。

标识： 正规生产的强化地板要有生产日期、编码、商标、等级等标识。

如何选购防腐木地板

作用： 防腐木地板可以有效地防止微生物的侵蚀，也防止虫蛀，同时防水、防腐，可以经受户外比较恶劣的环境，不用费心打理，常被作为户外地板的材料。

安装： 防腐木地板自身的热胀冷缩没有经过特殊的控制，用于户外变形比较严重，铺设时要做成留有缝隙的地板，并且像镂空的一样一块被架起来，可以随时翻开，方便清洗或者捡拾掉落的东西。

价格： 防腐木地板价格稍高，但还是在可以接受的范围内，并且比普通实木地板便宜。

品牌： 尽量到大型建材市场购买正规、有品牌的产品，以保证质量和服务。

如何选择踢脚线的颜色

踢脚线的颜色可根据房间的面积来定，一般面积较小的房间，踢脚线宜选择靠近地面的颜色；反之，如果房间面积较大，踢脚线则宜选靠近墙面的颜色。在专卖木门的店里，一般门套和木门的颜色都是统一的，那么踢脚线最好也跟门套的颜色一样，这样整个空间才比较统一和有延展性。踢脚线在卖木门的店里买的话，通常价格会稍贵一些，但是能跟门套的颜色达到绝对的统一。也可以选择在卖地板的店里买踢脚线，价格会稍便宜点，但如果是特殊的颜色，可能会跟门套有色差。

选择墙纸注意哪些重点

1. 墙纸通常都非常耐用，无须经常更换，所以建议业主选择经典耐看的花色，以免一种花色过完流行期后显得不好看。

2. 如果不同房间在功能上不存在非常强烈的差异，建议业主尽量选择统一花色种类的墙纸，以形成视觉上和谐统一的效果，不能因为喜欢而购买许多不同花色的墙纸，而使视觉上显得突兀、不协调。

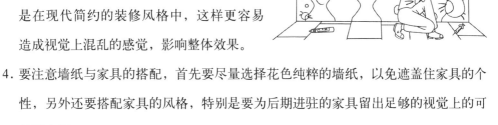

3. 建议业主尽量减少墙纸与涂料的混搭，特别是在现代简约的装修风格中，这样更容易造成视觉上混乱的感觉，影响整体效果。

4. 要注意墙纸与家具的搭配，首先要尽量选择花色纯粹的墙纸，以免遮盖住家具的个性，另外还要搭配家具的风格，特别是要为后期进驻的家具留出足够的视觉上的可伸展空间。

如何鉴别墙纸的质量

外观： 好的墙纸表面平整，无褶皱，无色差，图案设计精致。

手感： 好的墙纸用手摸起来有质感、有硬度，厚薄均匀得体，表层完整无破损。

气味： 环保健康的墙纸不含甲醛等化工原料，无刺激性气味。

说明书： 购买时还要翻阅产品的说明书，了解产品的规格、尺寸、产地、材料及其他说明。

如何选择乳胶漆的颜色

1. 在用一种颜色的涂料涂刷面积较大的区域时，其色彩往往会加重，所以建议选择浅色涂料来弥补这一点。

2. 即使是同一种涂料同一种颜色，在不同的照明条件下也会产生颜色差异，所以购买时要在不同的光线下观察涂料的颜色。

3. 涂料有"高光""哑光"和"平光"等几种，"高光"反射率高，可以使房间变得更明亮，但如果墙面不平整会折射出墙面的凹凸；"哑光"反射率低，在光照较强时反射光线不会太刺眼，但不适用于较暗的房间。如无特殊要求，一般建议选"平光"即可。

4. 使用非白色漆装饰，要注意漆的颜色在电脑上、色板上、漆桶中与实际涂刷后会有差异，购买时需谨慎选择。

如何鉴别乳胶漆的质量

颜色： 取少量乳胶漆涂刷在水泥墙面或地面上，等其晾干后，用湿布擦拭表面，好的产品耐水性好，颜色鲜亮，如有褪色现象则属劣质产品。

气味： 合格的产品无毒无味，若发出刺激性气味则属劣质产品。

粘稠度： 取工具搅起一点乳胶漆，质量好的产品拔起的丝较长，并且下落时呈匀速缓慢下沉状态。

颗粒细度： 可将少量乳胶漆放入清水中，好的产品颗粒大小均匀，不与水融合，水清澈见底，如果水变浑浊则说明是劣质产品。

水质溶液： 一般乳胶漆在静放一段时间后会出现分层离析现象，涂料颗粒会下沉，在顶层会有一层水质溶液，好的产品水质溶液呈现无色或微黄色，清晰干净，无漂浮杂质，否则多为劣质产品。

日期： 要注意查看所购买批次的乳胶漆的生产日期和保质期，不能购买超出保质期的产品，以免危害家人的健康，影响装修质量。

如何区分水性木器漆与普通油漆

颜色： 普通清漆通常呈透明色；水性木器漆一般采用乳液技术或分散液技术生产，使用的乳液多为丙烯酸型，呈乳白色或半透明浅乳白色或浅黄色。

气味： 普通油漆都有比较强的刺激性气味；水性木器漆的气味非常小，略带一点芳香。

标志： 水性木器漆一般标注有水性或者水溶性字样，而且在使用说明中会标明它是可以用清水进行稀释的；普通油漆则不会。

如何鉴别橱柜的质量

橱柜的质量要从橱柜的门板、柜体板、结构配件、五金配件等方面来鉴别。

门板主要有封边类饰面板和无封边的饰面板两种，对于封边类饰面板，要检查封边接口，好的门板封边牢固，接口处无"狗牙"；对于无封边的饰面板，要检查整体平整度、光泽度、颜色，好的门板表面平整、有光泽、无颜色差异。另外还可以从门板铰链孔处看使用的基材质量，刨花板基材质量较差。柜体板主要看其种类，业主可以从切口断面查看柜体板是属刨花板、中纤板，还是防潮板，通常质量较差的为刨花板。鉴别结构配件要注意检查联结体的材质有无锈蚀或强度够不够；还要观察螺丝孔位置是否隐藏，是否到位；另外还可以将门多开合几次检测柜门铰链。最后要注意五金配件最好选择不锈钢材质的产品。

选择天然大理石的橱柜台面注意哪些问题

天然大理石花色多样，纹理美观，装饰效果较好，但也存在一些天然的缺陷，业主在选购大理石橱柜台面时要特别注意，以免带来损失。

首先，天然大理石橱柜台面在长度上通常不会超过 1 米，难以形成整体的台面效果，而若是用两块天然石材拼接，中间的缝隙则易滋生细菌；另外天然石材大都弹性不足，遇到重物碰撞时会产生很难修补的裂缝，并且如遇到温度急剧变化时，还会显现出一些平时看不见的天然纹，影响美观；最后大理石的重量较大，需要结实的橱柜来支撑，对橱柜的要求较高。

选择人造大理石的橱柜台面注意哪些问题

除了天然石材之外，人造大理石也是人们比较喜爱的装饰用材，它兼具天然大理石的优雅和花岗岩的坚硬，还可以做出任何造型，但也存在一些缺点：纹理不够自然；价格较高；防烫能力不强，太烫的物体放上去会出现褪色的现象；硬度不够较易出现划痕；市场上一些低价的劣质台面很容易出现油渍渗入的现象。此外，其价格范围也很大，除了品牌和品质导致的价格差之外，还有进口材和国产材的差别，国产人造石台面每平方米在 1000 元左右，进口人造石台面价格每平方米比国产的贵 1000 ~ 2000 元。业主要充分考虑其优缺点，根据实际情况进行选择。

选择实木橱柜门板注意哪些问题

实木橱柜门板具有回归自然，返璞归真的效果，花边角处理和漆的色泽对工艺要求较高，可较好表达古典风格。需要注意的是所谓的实木板并非整体均为实木。其门框为实木，以樱桃木色、胡桃木色、橡木色为主。门芯为中密度板贴实木皮，一般在实木表面做凹凸造型，外喷漆，从而保持了原木色且造型优美。这样可以保证实木的特殊视觉效果，边框与芯板组合又可以保证门板强度。

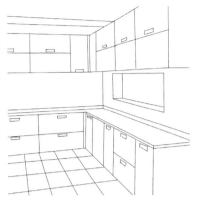

优点：耐刮、耐高温。质感较好、纹理自然，环保性相对较好。与其他材质相比，导热系数小。

缺点：颜色由树种决定，可选择的颜色少。耐酸碱性差，不适合过于干燥或潮湿的环境，保养麻烦。价格高。

选择烤漆橱柜门板注意哪些问题

烤漆板基材为密度板，表面经过六次喷烤进口漆高温烤制而成，特点是色泽鲜艳易于设计造型，具有很强的视觉冲击力，非常美观时尚。烤漆门板的表面处理有单面烤漆和双面烤漆之分，如果采用单面烤漆处理，门板的防潮性相对来讲要差一些，而且易变形。

优点：表面烤漆能够有效防水。进口产品色泽鲜亮，表面平整。抗污能力强，易清理。

缺点：怕磕碰和划痕，损坏就很难修补。油烟较多的厨房中易出现色差。工艺先进，使用进口漆的产品价格偏高。

选购厨房水槽注意哪些重点

选购厨房水槽要注意产品的材质、形状、下水和
摆放位置等方面。

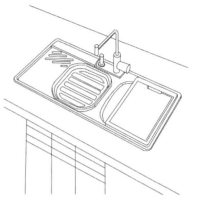

在材质上，优质的水槽材质较厚、重量较大，比
如不锈钢材质，盆体要为一次成型，没有焊接点，盆
体内部有一层涂层以隔离油污杂质，减少清理工作，
提高使用寿命；在形状上，目前的水槽主要有方形和
圆形两种，建议业主最好选购比较好用的长方形的双
体盆；在下水方面，好的水槽具有良好的通畅性和防臭性能，要带有防臭弯管，下水材
质应该较厚而且密闭性强；最后还要考虑水槽的摆放位置，目前很多双体盆都是一大一
小两个池子，所以除了根据业主自己的使用习惯外，还要根据摆放位置周边有无墙体（如
烟道）、电器、灶具来选购大小适合的产品。

如何鉴别坐便器的质量

鉴别坐便器的质量要看外观、重量、功能和吸水率等方面。在外观上，好的坐便器
表面的釉面和坯体比较细腻，触感光滑，无凹凸不平之感；若釉面较暗，在灯光照射下
会发现有毛孔，釉面和坯体都比较粗糙，则为劣质产品。在重量上，业主购买时可以双
手拿起水箱盖掂一掂它的重量，通常重量越大的质量越好。功能主要指的是冲水功能，
好的坐便器设计合理，冲水功能良好。最后在吸水率方面，吸水率的不同主要受材质不
同的影响，高温陶瓷的吸水率低于 0.2%，易于清洁，不会吸附异味，不会发生釉面的
龟裂和局部漏水现象。中、低温陶瓷的吸水率大大高于这个标准且容易进污水，不易清洗，
会发出难闻的异味，时间久了还会发生龟裂和漏水现象。

选购淋浴房注意哪些问题

材质上主要看钢化玻璃，很多淋浴房都用钢化玻璃做屏板。钢化玻璃外观与普通玻璃一样，很难用肉眼区分，在购买淋浴房时一定要选择规模大、信誉度高、售后服务有保证的品牌和商家，质量好的钢化玻璃屏板强度高，透明度好，安全耐用，几何尺寸误差小。在类型上，目前主要有转角类淋浴房和一字形淋浴房，转角类淋浴房占用空间较小，适用于小型的卫浴间，而一字形淋浴房可用于大型的卫浴间。在安全性上，有老人和小孩的家庭要注意不要选择门槛过高的淋浴房，以免滑倒。最后，还应根据卫浴间的面积、结构及其他洁具的颜色来选择与之搭配的淋浴房。

如何选购合适的浴缸

1. 浴缸的尺寸要根据浴室的尺寸来确定，选购前，首先需要量好浴室的尺寸大小。不同形状的浴缸，占用的地面面积不一样，如安装在角落的三角形、心形浴缸比一般的长方形浴缸多占用空间，购买前需要考虑浴室是否能够容得下。

2. 浴缸出水口的高度也需要考虑到，如果比较喜欢水深点，那浴缸出水口的位置就要高一些，如果过低，水位一旦超过了这个高度，水就会从出水口向外排，浴缸的水深就很难达到需要的深度。

3. 由于材质的不同，浴缸的重量也有很大的差别。选购前，需要考虑自家浴室地面的承重能力，选择重量在承重范围之内的浴缸。

4. 浴缸选购时，需要考虑到家中成员的特殊性，如有小孩、老人、残疾人，选择浴缸的时候，最好选边位较低的，还可以在适当位置安上扶手。此外，浴缸必须经过防滑处理，以防止摔伤，保证安全。

5. 浴缸有普通浴缸和带有按摩等功能的按摩浴缸之

分，选择浴缸的时候，需要考虑自己是否真的需要一些附加功能，是否能够负担得起。如果选择按摩浴缸的话，需要考虑到按摩浴缸是用电泵来冲水的，对水压、电力要求都很高，因此需要考虑自家浴室的水压、电力是否符合安装条件。

卫浴间的面盆有哪些材料种类

目前市场上卫浴间的面盆通常有陶瓷、不锈钢、加强玻璃、磨光黄铜、改造的石材等。其中陶瓷使用得最为普遍；不锈钢有磨光不锈钢和亚光不锈钢两种，磨光的不锈钢与现代的电镀水龙头极为匹配，但镜面的表层容易刮花，亚光的不锈钢则不会，适合频繁使用；加强玻璃厚而安全，防刮耐用，良好的反射效果能使浴室更显晶莹通透，搭配木台面使用更具视觉效果；磨光黄铜是指对黄铜进行磨光处理并在表面漆上保护层，可以避免褪色、刮花，也能防水，清洗时只需用软布加上没有磨损力的清洁剂即可；改造的石材是指在石粉中加入颜色及树脂制造出的材料，这种材质柔润光滑，质地坚硬，防污性能好，并且款式多样，可供业主自由选择。

选择卫浴间的面盆注意哪些要点

选择卫浴间的面盆要注意面盆造型、下水管道类型和卫浴间的面积，面盆的造型首先要注意能够防止溅水，尽可能选择稍大一些并且坡度比较平缓的造型，并且为了节水，最好选择深度上浅一些的。另外要注意面盆有一个能够处理下水和隔离异味下水的返水弯装置，在购买面盆前一定要分清自家的下水管道返水弯是入地返弯（s弯），还是入墙返弯（p弯），以选择与之相匹配的面盆。最后还要根据卫浴间的面积来选择面盆的款式和规格，面积较大

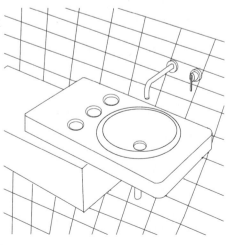

的卫浴间适合的面盆种类较多，选择范围较广，面积小的卫浴间最好选择柱型盆或角型盆，以增强卫生间的通透感。

如何选购陶瓷面盆

外观上主要是看面盆釉面的光洁度、亮度。业主在购买时可以在较强光线下，从陶瓷的侧面多角度观察，好的釉面表面光滑，无色斑、针孔、砂眼和气泡，对光的反射性好，均匀，手感平整细腻。并且颜色纯正，不积垢、易清洁，长期使用仍光亮如新。在声音上，优质的陶瓷台盆敲击时声音清脆响亮，无沙哑感。在工艺上，目前部分高档手绘台盆均采用釉下彩陶瓷工艺，业主在购买时要注意鉴别以免不法商家以假乱真。吸水率是指陶瓷产品对水的吸附渗透能力，吸进水的陶瓷会产生一定的膨胀，容易使陶瓷表层的釉面因受胀而龟裂，所以业主在购买时要尽量选购吸水率低的产品。

如何选购花洒

节水功能：最好选择采用钢球阀芯，并配以调节热水的控制器的花洒，可以调节热水进入混水槽的量，从而使热水可以迅速准确地流出，比普通花洒节水性能好。

易清洁性：最好选择设置了自动清除水垢功能的花洒，以免因水质不良而造成出水口的堵塞。

配件：配件会影响花洒使用的舒适度，购买时要注意水管和升降杆是否灵活，软管加钢丝抗屈能力如何，连接处是否设有防扭缠的滚球轴承，升降杆上是否安有旋转控制器等问题。

如何鉴别卫浴龙头的质量

选购卫浴龙头要注意产品的外观、尺寸、材质和阀芯等方面。在尺寸上，优质的龙头电镀表面光泽均匀，无龟裂、露底、剥落、黑斑及麻点等缺陷；喷涂表面组织细密，光滑均匀，无挂流、露底等现象。在尺寸上，要注意选择与立柱盆、台上盆、台下盆相匹配的龙头，盆通常分为单孔、双孔、三孔，孔距分为100毫米、150毫米、200毫米。在材质上，通常纯铜的材料较好一些，不会出现水碱，业主在购买时可以通过产品的质量判断是不是纯铜产品，通常纯铜的产品重量较重。最后要注意龙头的阀芯，目前市场上的龙头基本都是陶瓷阀芯，有国产和进口的两种，进口的陶瓷阀芯用料较好，零部件的加工也较为精细，使用寿命长，价格相对要高一些。

如何选购开关插座

选择开关插座一是要看：好的开关插座多用进口PC料做成，表面平整光滑，无毛刺、披峰。而色泽苍白、质地粗大的插座则为劣质产品，不仅阻燃性差，还会有火灾隐患。二是要摸：好的插座插孔有保护门，单孔无法插入，插拔需要一定的力度，并且好的开关有力度，弹簧硬，拨动时轻巧不紧涩。而差的开关弹簧软，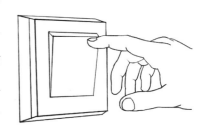插头容易夹在中间，面板摸起来有薄脆的感觉。三是听：好的开关按键声音轻，手感顺畅，节奏感强；差的声音不纯，动感涩滞且有中途间歇状态。

另外还要注意开关插座的重量、面板和选材。开关插座越重越好，好的插座都用铜片，差的则用合金或薄铜片。鉴别开关插座面板质量的方法很简单：用食指、拇指分别按住面板对角，一端按住不动，另一端用力按压，差的面板面盖会松动下陷，好的则不仅不会松动，并且要用专用工具才能取下。在选材上，好的开关插座面板是绝缘材料，业主可以通过燃烧实验来鉴别：好的面板离开火焰时无火苗，差的则会继续燃烧。

如何选购家具的五金配件

家具五金配件主要有两大类型：功能五金件和装饰五金件。功能五金件指的是能实现家具中某些功能的五金配件，如连接件、铰链、滑道等，购买时需要特别注意。选购五金配件需要注意以下几点：

外观： 好的五金配件外观工艺平整光滑，用手折合时开关自如，并且没有异常的噪音。

重量： 一般来说，同一类产品中，分量越重的质量越好。

品牌： 业主在购买五金配件时最好采用经营时间较长，知名度较高的厂家的产品。除此之外，还要考虑五金配件和家具的色泽、质地相协调的问题，如把手等，厨房家具的把手就不宜使用实木的，以防在潮湿的环境中产生变形。

如何根据适用场所选择拉手

1. 入户门拉手选择。如果是入户门，对安全性、牢固性要求比较高。因此选购用于入户门的拉手的时候，最好不要选择塑料材质的拉手。

2. 玄关区域拉手选择。玄关是居室里重点装饰的部位之一，这个区域的拉手主要包括玄关柜的拉手和鞋柜的拉手。玄关柜的拉手可以强调其装饰性；而鞋柜的拉手应重视其功能性，应挑选色泽与面板接近的单头式拉手，以不妨碍业主使用为好。

3. 厨房拉手选择。橱柜拉手不要选纹理过多的，因为厨房使用频率较高，油烟较大，纹理过多的拉手，沾附上油烟后，不容易清理干净。用于厨房的拉手，应该选择耐用、抗腐蚀的材质，铝合金材质拉手是不错的选择。

4. 卫浴间拉手选择。卫浴间门的拉手使用频率较高，因此要买质量好一点、开关次数保证高一些的拉

手。此外，卫浴间的柜门不多，适宜挑选微型单头圆球式的陶瓷或有机玻璃拉手，其色泽或材质应与柜体相近。

4. 客厅拉手选择。小型客厅尤其是走道部位的家具，可以选择那种下按后才会弹起的封闭式拉手。而客厅里电视机柜的拉手可以考虑选择与电器件或电视柜台面石材色泽相近，如黑色、灰色、深绿色、亚金色的外露式拉手。因为这些地方的柜门开启的频率较低，选择封闭式或外露式的拉手，可以保证人的走动不至于发生磕碰。

5. 儿童房拉手选择。儿童房为顾及安全，最好装置平面拉手，或干脆采用无拉手设计。内嵌式拉手这类拉手特别适合有小孩的房间，因为它没有突出的棱角，小孩子不会误撞到。而凸出的拉手，很有可能使小朋友在跑、跳时撞上而受伤。

如何选购橱柜拉篮

拉篮的构成主要有篮体、骨子和路轨三大部分。按材料分主要有铁镀铬、不锈钢和铝合金三种。其中不锈钢拉篮最受市场欢迎，因为这类产品工艺精致且不易生锈，虽然价格较高，但依然为大多数业主所喜爱。铁镀铬拉篮价格相对较低，但在品质上无法与不锈钢产品相比，市场销量正逐渐降低。铝合金拉篮是近几年新出现的品种，目前没有得到广泛关注。

另外在选购拉篮时还要特别注意它的使用寿命，拉篮的使用寿命主要取决于路轨，所以业主要注意选择抽拉顺畅、软滑，载重时手感好、耐用性强的路轨。

开始施工前要注意的事

有些业主完全不知道在施工之前该做些什么准备。
这样的迷茫可能会严重影响装修工作的正常进展。

那么，装修施工前该做好哪些准备工作呢？

⌂ 为什么施工现场交底时业主一定要在场

业主、设计师、施工队长在装修前就要沟通好，首先要确认房屋设计方案，具体到哪里要排管子都心中有数；其次，确定水电煤的走向；另外，还要确定房屋结构的改变。这样才能为以后的工程打下扎实的基础。工人进场当天，设计师要给施工队长解释设计方案，业主对任何细节有疑义，都要立即提出，尽早沟通。

⌂ 施工现场交底如何确认全部的工程项目

家庭装修的项目都比较小，为了方便，双方会有很多口头承诺。比如，设计师对一些项目做法或材料的口头确认，或者业主承诺如果工程质量过关，会给对方介绍工程等。其中，有些口头承诺是不作数的，合同签订以后也不会有人再提；还有一些是双方认真洽谈的，因为信任对方或其他原因而没有写入合同，但在实施过程中是应该兑现的，如果这种口头条款，由于一方的疏忽而没有兑现，就会影响双方之后的合作关系。所以，在施工现场工程交底时，合同双方一定要确认所有的工程项目，包括口头条款。

⌂ 施工现场交底如何确认工艺做法

由于工程较小，大多数家庭装修的图纸文件就比较简单。如果做得太详细，设计成本就很难让合同双方接受。因此，现场交底的一项重要工作就是说清楚项目要怎样做，并让设计师在现场画出、标清。例如墙面漆项目，设计师和业主在施工现场应该明确：怎样处理墙面基础、如何应对裂缝、刮几遍腻子、刷几遍墙漆等。仅仅说明使用的油漆品牌是远远不够的。

🏠 设计师交底不详细会有哪些隐患

现场交底前，设计师应该与工长进行内部交底，先期交代设计细节、结构拆改、特殊造型等问题。这样，工长在现场交底前就能发现设计不合理或施工难度较大的环节，并与设计师沟通、修改。但很多设计师不重视这个环节，现场交底时也敷衍了事，加之交底时人比较多，交谈内容很专业，业主往往跟设计师随意走了一圈就在现场交底单上签字了。如果设计师有意隐瞒一些施工难度较大的特殊结构，或解释得不够详细，以致在施工过程中发现图纸与实际情况不相符，要增减项目或改动设计，就会引起纠纷。

🏠 制定施工的工期安排时间表有什么重要性

施工前，业主需要了解工期的基本安排，应该要求工长出示装修的工期安排时间表。比如，哪一天能完成水电路改造，到哪天能完成瓷砖铺贴等。这样业主就能合理安排时间,定期在关键项目时到现场检查，通常油工活比较耗时，但不宜太赶。如果在开工进场之前，工长仍没有主动提供工期安排表，业主一定要提出索要，否则日后发生工期延误或不能及时验收重要环节等情况，业主都要自己负责。

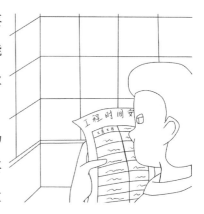

🏠 家庭装修有哪些工种

家庭装修是由多个工种相互配合，共同完成的，通常有泥工、电工、水暖工、木工、油漆工、小工等工种。

泥工： 主要负责内墙抹灰、顶面抹灰、地面抹灰，墙地砖的铺贴等工序。

电工： 主要负责电线的改线、接线工作，可以根据房间的设计及家用电器的位置、负荷、型号来铺设电线，设计开关、插座位置等。

水暖工： 主要负责暖气、上下水管改线及卫生洁具、水龙头安装。

木工： 一般情况下，木工自始至终贯穿整个装修过程，主要从事家具的制作、细木制品（窗帘盒、暖气罩、木护墙、木隔断、包门及门套、窗套、踢脚板、花饰装饰线）、木制吊顶、木地板铺设等。

油漆工： 油工主要负责墙面、地面、顶面、家具等粉刷和油漆，一般是整个家居装修中最后一道工序。

小工： 所有以上有专业技巧的工人都称为大工，与之对应的就是小工，这种工人是给大工打下手的，比如在家砸墙、开槽、和泥等一般都是小工干的。

家庭装修的施工顺序是什么

1. 装修开始后，水电工和木工先进场施工。水电路改造完成需要 4 ～ 7 天，木工需要 15 天左右的时间，来完成吊顶、背景墙、现场柜子的制作等工程。

2. 水电路改造完成，瓦工进场铺瓷砖。先铺设厨房和卫生间，然后是公共部分，第 30 天左右结束。

3. 木工完成工作后，油工进行墙体刮腻子找平、木面和墙面刷漆等工作，要持续到装修完工前两三天。同时，业主可以选购家具。

4. 离装修整体完工还剩两三天的时候，开始后期工程。安装窗帘杆及五金挂件，安装地板、门、洁具、橱柜，进行厨房、卫生间的吊顶等。这些工作简单快捷，全部完工只需 3 天左右。

如何处理装修中更改设计的问题

装修中更改设计要注意很多问题，在这里为业主们提些小建议：首先，如果对装修的某些设计不满意，那么就要尽早提出更改，最好在该设计尚未开始或刚刚开始的时候就提出来，这样可以将更改设计的影响降到最低；更改设计时，还要注意不同设计中建材的通用性，这样可以降低业主因为已购建材造成的经济损失，如果个性化、定制类建材出现更改设计现象，应该及时要求厂家停工，再对已定建材提出新要求；更改设计后，装修工期也会出现适当的提前或延期，因此，业主还需要重新与装修公司确定好工期、费用等问题，避免日后产生纠纷。

🏠 如何掌握装修工期

先选定装修公司，再由装修公司给出装修设计，大约需要 3 天，复杂的设计大约需要 1 周；选定装修材料，需要 1 ~ 3 天；改造水电路，大约需要 3 ~ 7 天；完成木工工序，根据工程量的不同需要 3 ~ 7 天；瓦工完成拆、改、铺贴墙面，大约需要 3 天；油工工序，大致需要 5 天；安装户门及室内门，需要 1 天；安装橱柜需要 6 小时左右，大型橱柜至少需要 1 天；木地板铺装，至少需要 1 天；安装灯具，根据数量与安装的难易程度需要 1 ~ 2 天；卫浴间洁具安装，需要至少 3 小时；厨房、卫生间吊顶，需要 1 天；安装窗帘，根据工程量不同需要 3 小时至 1 天时间。

综上所述，以 90 ~ 120 平方米的新房装修计算，如果各个工序连接顺畅、业主订制物品（如门、窗、橱柜）及时到位，普通家庭装修大概需要 40 天左右的时间就可以完成。

🏠 装修施工中压缩工期有哪些危害

一些业主为了能尽早入住，就压缩装修工期，可能会带来以下几方面的危害：

1. 设计简化。如果在施工前告知设计师压缩工期，那么设计师可能就会放弃一些相对复杂的工艺和一些必要的人性化设计，最后会造成装修设计不合理、舒适度不够。

2. 工艺粗糙。家庭装修需要严密的施工工序来保证装修质量，很多工序（如油漆干燥）都有明确的时间要求，达不到要求就一定会影响施工质量。

3. 安全隐患。防水闭水实验、水电改造等施工应该以确保安全为第一原则，如果盲目催促工期就有可能为日后的家庭生活埋下安全隐患。

4. 破坏整体效果。铺贴墙纸、瓷砖、木地板这些工序，一旦仓促赶工，就可能因为施工粗糙而破坏整个居室的装修效果，是得不偿失的。

如何合理缩短装修工期

1. 业主如果有任何不满或疑问，在装修开始之前就要提出修改，一旦装修开始就不要频繁改动。因为有一些设计具有承上启下的作用，会牵一发而动全身，不但需要修改已装修的部分，对下一个环节也会有影响，使工程停滞。

2. 在装修过程中，有几项工序是可以同时进行的，如橱柜、门、窗、楼梯和需要定制的衣柜等，订制的时间周期大多在十天至一个月左右，这样会大大缩短装修工期。

3. 要尽量少动水、电、气线路及原房间的内部结构，这不仅是个节省工期的问题，还可以预防装修时留下安全隐患。

4. 在一个工序开始后，要马上开始下一个工序用料的购买。购物清单越细致、越全面越好，因为几个小零件不到位而停工是常见的事。

如何做好节后装修的衔接工作

如果装修时碰上节假日，节后的衔接工作就要从清点建材、检查节前装修质量、再次确认施工流程这几个方面开始。

1. 节后开工之前，最好将堆放的建材种类、数量重新清点一下，做好采购、补充工作，以免因建材不到位而造成停工，对施工进度产生影响。

2. 经过了一段时间的停工期，开工前就要检查节前施工的质量，重点观察墙面涂料有无裂纹、木工木料有无裂缝、油漆是否均匀明亮、水路管线有无滴漏、门窗接缝有无尘土（密闭性检查）等问题，以便及时进行修补、改造。

3. 再次确认施工流程，一些衔接性不高的工序可以请归队早的工人继续施工，而对于一些衔接性强的工序，切勿打乱流程匆忙开工，否则会无法保证施工质量。

如何处理装修返工的问题

处理装修返工问题，应按照以下几个步骤进行：首先应该确定返工的必要性，这样才能避免重复返工、费时费力又费钱的现象；确定必要性之后，应该马上停工、立即开始返工，拖得越久损失就会越大，为了保证工期，应该迅速将返工的工人、建材安排到位，需要施工方与业主通力合作；其次，返工之前应该明确返工所需材料费、工费的支付方，即明确返工责任方，通常由于业主变更设计等原因造成的返工费用由业主支付，由于施工质量问题造成的返工费用由施工方支付，建议在签署装修合同时就把返工的责任划分问题写清楚，以避免日后产生纠纷。

施工前期应购买哪些材料

施工前期要购买地采暖、中央空调、橱柜、暖气等材料。

1. 地采暖施工需要 4 ～ 5 天，并且施工期间，无法进行装修。因此，建议对地采暖产品有一定了解的业主能在装修之前完成地采暖的施工，这样可节省时间。

2. 中央空调最好能在开工前就定下。

3. 水电改造之前，业主就要定下橱柜厂家进行初步测量，确定橱柜位置、使用方式以及电器和水电路的位置。橱柜厂家在贴完砖后会二次测量，此时业主再与设计师沟通，确定橱柜颜色、款式及其他情况。

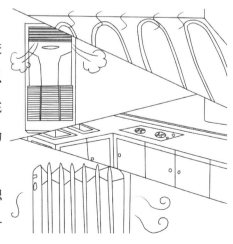

4. 暖气片需求的数量会随着房屋结构或面积的变化而变化，所以建议业主在确定设计

方案后再购买，提前购买可能会与实际情况不相符。

施工中期应购买哪些材料

施工中期，需要购买瓷砖、洁具、地板、集成吊顶、门等材料：

1. 业主要结合房屋的整体规划来选购瓷砖。在不变动户型结构的情况下，可以提前预订瓷砖；但如果后期有结构改造，事先买好的瓷砖就可能不适用。

2. 坐便器、手盆、浴室柜等洁具的尺寸都要根据卫浴间的实际空间比例来确定。很多业主在自己测量数据时会只考虑长度，而忽视了宽度。例如，业主要将木柜放在卫浴间的门边，但忽视了门套线的宽度，订购的木柜宽度与进门处宽度一致，结果最后无法安装，还要退换货。另外，还要考虑坐便器的长度，否则容易与淋浴区冲突。

3. 地板的厚度也很容易被忽视。例如，在室内同时铺设地砖和地板，但通常砖较厚，如果地板过薄，就会造成地面不平，影响视觉效果，也不利于日常生活。再要进行地面找平或加龙骨来使地面平整，就费时费力费钱。因此，建议贴砖以后再购买地板。

4. 贴完墙砖后，业主要根据设计师的建议选择吊顶的款式和颜色。

5. 业主应该要求厂家先提供门的具体尺寸，然后让工人将门洞改动至合适大小，二次测量以后再确定款式、颜色等。所以，建议业主等完成结构改造方案后再买门。

施工后期应购买哪些材料

施工后期需要购买五金锁具、开关面板、窗帘、墙纸、楼梯、家具等。

1. 建议业主直接购买与门配套的锁具，因为其质地与门表面配套，也是装饰工程的一部分。如果要单买，则要等确定整体风格后，再与设计师沟通锁具的颜色款式。

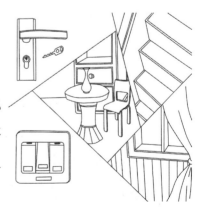

2. 现在的开关面板多种多样，需要等整体装修完成后，根据装修风格选购。

3. 窗帘和墙纸是装饰材料。在装修过程中，设计方案随时可能变动，因此建议等完工

后再购买。

4. 楼梯的定制，需要设计师结合整体装修风格与厂家沟通。

5. 装修后期，业主可以根据家装风格来选购家具，最好有设计师的陪同和建议。

格局改造
家装切忌乱拆改

在拿到新房准备开始装修时，
或多或少都会对户型进行一些改造设计，
使其能更好地满足生活需求。
但在拆改中有一些地方是不能动的，
否则可能酿成无法预计的后果。

🏠 如何改变户型格局不佳的状况

格局不佳主要存在的是功能不全、空间浪费、利用率不高等问题。有些户型的墙体是类似凹进去的，在这种时候可以用推拉门隔出另一个空间，还可以做收纳墙改造畸零空间，这样，原本摒弃不用的畸小空间，也能成为家里的亮点。此外，家具的组合功能也是在解决格局不佳的户型时最需要注意的一点，沙发扶手和木质边几的组合能更有效利用空间，边几和台灯的再组合则更多地提升了功能性。

🏠 如何对不规则户型进行改造

对于不规则户型的改造，有七成左右的业主都会选择砸墙，把房型"扭正"。其实大可不必如此，如果不影响空间利用率，就不用做如此大费周章的改动。实际操作中不妨通过合理的小改动，将房间边边角角的空间都利用上，也能增加不少储物空间。不过所有的改造都要结合户型情况和住户自身的使用习惯，对于这种特殊户型，建议业主找设计师咨询并多做沟通。

🏠 户型改造有哪些重点

1. 合理的布局。合理地进行室内空间布局是装修设计的第一个基本要素，建议业主在对内部布局不很合理的户型进行设计时，根据家庭成员的数量、喜好、生活习惯与家庭生活方式等特点，将室内的布局做好规划，适当对可拆改的非承重墙进行拆、移，从而达到优化室内布局的目的。

2. 动静分区很重要。动静分区是保证居住舒适性的基本要素之一，因此在装修、设计大户型时要特别注意这一点。其中"动区"主要由客厅、餐厅、活动线路与厨卫空间组成，而"静区"主要由卧室、书房、卧室内主卫、与卧室相连的起居室组成，在进行装修设计时应该注意尽量减少动静两区的交集，保证静区的使用者不被动区打扰。

3.关注家庭成员的特点。对于三代同堂的大家庭而言，在进行装修设计时应该充分考虑到不同年龄阶段的家庭成员的特点，为每个成员设计安全、舒适的生活空间，这一点对于老人与儿童尤为重要。另外，经常有客人来访、暂住的家庭还应该设计一个客房区，并为客房区提供独立的卫生间和活动区域，避免客人与主人在居住时相互打扰，主人的私密性也会更有保障一些。

🏠 户型改造中哪些地方不可以动

承重墙是用于支撑上部楼层重量的墙体，千万不能打掉，否则会破坏整个建筑结构。其次，轻质墙拆改的时候要注意墙面是否有管道通过，拆除时一定要注意管道的保护。墙体中的钢筋也不能动，在埋设管线时，如将钢筋破坏，就会影响到墙体和楼板的承受力，留下安全隐患。此外，房间中的梁柱不能改。梁柱是用来支撑上层楼板的，拆除或改造就可能会造成上层楼板往下掉，相当危险，所以梁柱绝不能拆除或改造。在后期做中央空调时应注意，交叉梁应该离300毫米钻孔才够安全。

🏠 哪些墙体类型可以拆改

石膏板墙、半砖墙、木质隔断，以及大部分金属隔断都是可以拆改的墙体：

1.石膏板墙是常见的硬质隔断墙，不承担承重功能，因此拆除后也不会造成楼体的安全隐患。

2.如果楼层结构中设置了支撑墙体的支撑梁，半砖墙就可以放心拆除。但是，拆除半砖墙前要对照施工图纸来确定拆除后没有安全隐患。另外，拆除墙体通常会破坏防水，因此要重新做防水。

3. 木质隔断通常只用来区分空间，大多可以拆除，但要注意隔断内有没有水、电走线。

随意拆改墙体会带来什么危害

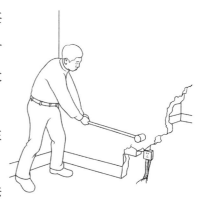

正规的家装公司对于房屋拆改是非常谨慎的，甚至有些公司会拒绝随便拆改的要求，但仍有个别设计师会私下答应业主的拆改要求。但是，这样随意拆改不仅会留下安全隐患，还会增加业主的开支。首先，小区物业可能会投诉或叫停拆改工程，并且要求业主恢复结构，这样业主就要多支付复原房屋结构的费用。其次，拆改费用并不是由家装公司全部承担，如果拆改部分没有在设计图纸上标明，这种拆改就属于业主与设计师的个人行为，复原费用将由设计师与业主共同承担；如果在设计图纸上明确标注了拆改部分，这笔费用就由施工方，即家装公司来承担。

如何分辨承重墙

1. 最简单的方法就是查看建筑图纸。

2. 如果没有相关资料，也可以通过墙体厚度来辨别。承重墙的厚度通常在24厘米以上，敲击时有闷实响声；非承重墙的厚度通常小于10厘米，有些甚至只有5、6厘米，敲击声清脆。

3. 外墙及与邻居共用的墙，虽然无法辨别厚度，也都属于承重墙。

4. 砖混结构的房子，除了卫生间和厨房的隔墙，其余都是承重墙；框架结构的房子，内部隔墙通常都是非承重墙。

拆除砖混结构的旧房墙体注意哪些问题

老房子大多有户型不合理、面积太小、功能分区不合理、采光不合理等问题，因此，许多业主将旧房新装等同于砸墙、敲地等重建性工程。而事实上，在砖混结构的老房子中，墙体首先起承重抗震的作用，其次才是围护分隔，所以仅仅为了重新布置空间格局就打掉承重墙是很不明智的，这样会减弱墙体的承重和抗震能力，带来安全隐患。因此，业主在装修旧房时，一定要考虑房屋的结构和安全问题，否则会造成难以弥补的损害。

为什么卫生间和厨房的结构不宜拆改

虽然厨房、卫生间的使用频率较高、功能要求较多，是装修的重点区域，但因为其内部管道结构复杂、接头阀门多，并不适宜拆改：

1. 燃气管道、排烟管道在厨房内都是固定的，随便移位可能会引起燃气管道漏点，导致漏气；也可能会引起排烟管道排烟不畅，导致"串味"。

2. 有些业主会在面积较大的卧室内增开卫生间，这就改变了卧室的功能，由于需要另外牵拉排水管道，必须加厚卧室地面才能埋入管道，这会增加卧室地面的承重负担，还可能会引发渗水等问题。

因此，建议装修业主尽量不要拆改厨房与卫生间的结构，而应该从设计上找到更多的利用方式，让厨房与卫生间更加安全。

卫浴间改造成衣帽间注意哪些问题

1. 改造工程可能会涉及拆墙，即拆掉靠近卧室部分的墙体，以扩大房屋使用面积。业主要注意，只有当要改造的墙为轻体墙时才能这样设计，否则会产生安全隐患。

2. 如果计划拆改的墙体有水电路、开关插座等，就会有水电路移位的问题。首先要确定水电路位置，如果不需要改动，则要在拆墙部位将水电路封堵好。

3. 卫浴间基本上都做过防水处理，室内潮气很难散发，因此改成衣帽间后要尽量避免受潮，业主要定期检查、通风，以防霉变。

4. 将原有的上、下水管封闭入墙时，不要封死表面瓷砖，以便将来能及时维修。

卫浴间改造成储物间注意哪些问题

1. 建议业主采用有检修口的可拆卸式吊顶，或不做吊顶，全封闭吊顶发生堵塞等问题时不便维修。

2. 包裹原有主给、排水管道时，要留出检修口，用来查找和修复问题，尤其是阀门等重要位置，更要增设检修口。

3. 施工前，要先关闭分管卫浴间的各个上、下水阀门，持续通风 3 ～ 5 天，彻底干燥房间后再改造施工，以免影响日后的物品存放。

飘窗改造成学习区注意哪些问题

飘窗的采光很好，适合看书、写字，所以很多业主会在飘窗上设置办公或学习区域。可以按照入墙家具的做法，把窗台当作桌面，设置一个 20 ～ 40 厘米高的桌面，或在拐角处打造电脑桌、书架、书柜等。然后，按照自己的设计，放上电脑和办公用品，依飘窗的形状设计书柜，小书房就完成了。

飘窗改造成休息区注意哪些问题

有些大飘窗的面积有 2 米 ×1 米，就可以在上面设计一张单人床，给采光玻璃挂上窗帘，在大理石台面上铺个床垫，再摆一些软装饰品就可以了；还可以将飘窗设计成中式卧榻，做出靠背、椅面、椅脚等形状。做这些改动时要特别注意安全问题，两边的护栏要齐备，最好采用优质的实木，否则在飘窗上休息时会有心理压力。如果业主把飘窗当作沙发使用，那么要在大理石台板与地柜之间用木工板衬底，单纯使用大理石覆盖很容易断裂。

阳台改造成书房注意哪些问题

如果居室面积较小，没有单独设置书房或工作间的空间，就可以打通阳台与居室，将阳台作为书房加以利用。改动时注意以下方面：

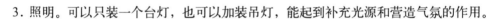

1. 书柜。成品书柜不一定能很好地利用空间，最好是根据实际情况量身定做。

2. 写字台。可以与书柜整体定做，这样既能充分利用空间，还能统一装修风格。

3. 照明。可以只装一个台灯，也可以加装吊灯，能起到补充光源和营造气氛的作用。

搭建阁楼注意哪些问题

1. 房屋有足够的层高。复式房新建阁楼的楼板下缘与原一层的楼板下缘相平，单层阁楼楼板的下缘不低于2.6米；阁楼楼板与屋顶的内净高不低于2.4米，最低限度为2.2米。另外，如果不打算在阁楼居住，那么高度就比较随意了。

2. 阁楼两边的跨度不能过大，如果使用槽钢搭建，不宜超过4米，最大限度为6米。

掌握施工环节
再难的装修都不是事

施工是家庭装修的质量保证书，

一些施工技巧也就成为优劣工程的区别因素。

本篇总结了几大施工环节。

业主只要细心掌握好，以后装修自己的房子时，

就能做到心中有数。

🏠 为什么水电改造前要有全局想法

装修前，业主就要对如何布置房屋有全局的想法，具体到摆放家具的位置、家具的尺寸等都要一清二楚，这样有利于水电改造。水电公司或装修公司都会在设计过程中提出各种建议，比如是否安装双控、插座安装在什么位置等。但每个人都有自己的生活习惯，最终还是需要业主自己做决定，所以设计时必须充分考虑全局状况。

🏠 水路改造阶段注意哪些细节

设计水路时要先想好一些细节，否则很容易重复施工，造成浪费。

1. 想好热水器、马桶、洗手盆的准确位置。

2. 想好洗手盆是否要供热水。建议设置热水管，省得将来后悔。

3. 想好用燃气热水器还是电热水器，临时决定换热水器类型会造成重复建设。若用燃气热水器，要在厨房加电管、上水管，并改燃气管道；若用电热水器，要想好放在卫生间的哪个角落。落地式热水器的热效率高，但占地面积大，不可架在承重墙上。

4. 想好阳台是否需要一个洗手池。如果需要，阳台的水管一定要开槽走暗管。如果走明管，阳光的照射会使管内滋生细菌。

🏠 电路改造阶段注意哪些细节

1. 插座多比少好。入住以后发现插座不够用的人很多，而认为插座多的人很少。

2. 插座的位置要配合家具，最好先选好家具，至少也要确定家具的尺寸，否则很有可能买回家后才发现，家具把插座的位置挡住了。

3. 如果需要，在某些地方（比如卧室）用双向控制开关会更方便。

4. 如果有吊顶，最好减少上面的射灯数量。因为入住后经常开射灯的人很少，而且射灯坏了是不方便更换的。

5. 虽然比较麻烦，但最好先算出电器的用电量，并设计好回路。

铺设水管有哪两种方式

铺水管可以走地板下面或走吊顶里面。后者的成本高一些，但如果漏水可以及时发现，不会造成太大损失。如果将水管装在地面下。一旦漏水就会把地板泡坏，或要把地板掀开。不过，水管漏水的概率不高，只要安装后进行打压测试，一般就不会出问题，如果将水管安装在地面下，日后打孔时要加倍小心。

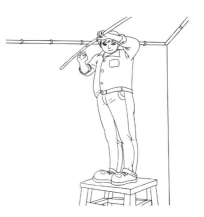

家中哪些位置最需要电源

1. 电视墙是需要集中布线的地方。该区域使用的电器很多，电视机、影碟机、音响等都需要电源供应。另外，电源位置需要根据各个电器的安装方法来调节。

2. 厨房橱柜的周围需要大量电源。现代厨房电器越来越多，除了传统的电饭煲、微波炉之外，还有电烤箱、豆浆机、咖啡机、电水壶等。为了满足台面下净水器、洗碗机等电器的用电需求，橱柜台面下方也要布置电源线路。

3. 卫生间的台盆上方、洗衣机上方、热水器旁及马桶边都需要安装电源。安装卫洗丽的业主，要事先为其安装好供电面板，否则很可能会影响日后的使用。

如何确定开关插座的位置

业主在安排开关插座位置时，一定要顾及日后家具的摆放，确保使用方便。关于安排开关插座的位置，要注意以下问题：

1. 与开关相邻的进房门，开门方向为右边。

2. 建议安装带提示灯的进门开关，晚间使用会比较方便。

3. 床头柜、衣柜等家具很容易挡住插座，插拔都不方便，而且家具不能靠墙摆放，很不美观。因此，要将插座位置与床头柜等家具错开，即使装在家具上面也比被挡住来得方便。另外，计算插座位置时，要加上衣柜的厚度。洗衣机、冰箱的插座也要注意位置。

墙面开槽注意哪些问题

施工队伍要在墙面和地面开槽，用以掩盖暴露在外的管线，施工时要注意：

1. 如果不清楚墙体是否为承重墙就随意开槽，很可能会破坏建筑的承重结构，降低房屋抗震能力。因此，开槽前要先向物业或开发商了解承重墙的位置，确定所有管线的走向和分布。

2. 开槽前，要堵住所有下水道口，以防墙体内石块、灰或水泥块进入下水道引起堵塞。

3. 槽的深度要多于管线直径（包括管线壁厚在内）1.5 厘米左右，管线外侧离墙体要有 1.5 厘米的距离，以确保封上水泥、墙砖或刷完墙漆后墙面不会开裂。

现场做门套与买成品门套各有哪些优缺点

现场制作木工门，价格并不低，而且可能做得不好看。如果要省钱，可买没有刷油漆的素门，这样才能让门和门套的油漆颜色一样。

现场做门套的好处是价格便宜，门套和墙体间可以更服帖牢固，如有小擦碰，油漆修补也比较容易。缺点是款式简单。

买成品门套的好处是款式漂亮，其油漆的效果比现场刷油漆要好，而且工期短、安装快。缺点是价格较高，安装的牢固程度、与墙面的贴合度比现场做的差。如有小擦碰，不好修补油漆。

现场制作木质家具注意哪些问题

1. 材料：现场制作家具，应该选择环保材料；板材厚度也要达标，厚度为18毫米的板材承压能力最好，不易出现翘曲、变形等现象。

2. 尺寸：现场制作家具，要按房屋的实用功能来确定尺寸。比如，卧室内的衣柜最好采用移门，因为要放入床具，平开门衣柜会让室内空间更显局促，其他的门可以平开。另外，隔断门要尽量靠近墙体，这样才有较好的整体性，不会很突兀。

3. 环境卫生：现场制作木工家具会产生大量木屑和灰尘，污染室内环境，后期很难打理。因此，建议把木工单独安排在专门的房间工作，同时要加强通风，以减少污染。

请木工现场制作家具有哪些优点

1. 现场亲眼看到木工师傅的手艺，能直观地了解家具效果，有些经验老到的师傅还会提出很多建设性的建议。

2. 现场制作家具的木工通常与装修公司是一起的，在设计和预算时就能确定家具的款式风格，然后设计师的效果图中就会有家具图纸，木工按照图纸制作即可。这样，家具风格和效果就能与整个

装修统一了。

3. 现场制作家具的板材通常由木工师傅从市场购回，能直观地分辨板材好坏。

4. 现场制作家具需要漆工再进场漆面，因此业主要监督漆工按要求工作，漆面效果的好坏关系到家具的整体效果。

5. 现场制作家具的五金件通常由业主自己购买，在经济允许的情况下，尽量选择优质的配件。家具五金配件包括：门把手、抽屉暗拉手、抽屉滑轨、门板滑动铰链等。

请木工现场制作家具有哪些缺点

1. 价格可能更贵。前些年，成品家具的价格比木工现场制作的家具高。近几年，木工现场制作的家具总体价格在上涨。虽然板材可以自己去选，但是木工的工资很贵，再加上后期的油漆，以及板材的上楼费，可能木工现场制作的家具更贵。

2. 质量很难把握。如果家具做得不合心意，一般不能拆掉重做。而且要上油漆，上不好会很难看，比如能看到油漆下面的木头纹路，或油漆表面不平。

3. 甲醛含量更高。成品家具在出售时已经放置了一段时间，甲醛等污染物已经得到了释放。而木工现场制作的家具，木板、油漆中的污染物都要挥发到家中。

4. 工人容易偷工减料。成品家具是厂家生产的，大品牌的家具不一定有顶级的品质，但基本的品质是有保障的。木工现场制作的家具则不同，既要打钉也要上胶，这样才会更耐用。但上胶要等时间干燥，还增加了一个施工环节，有的木工会省略这个工序。

木工打制书柜注意哪些问题

有些业主在请木工打制书柜时会设计很长的搁板，但如果搁板过长就无法承受重压，容易折断。要预防此类问题，建议选择价格高的装饰板材来打制书柜，将木材直接做成的书柜，既能保证质量又非常环保；其次，搁板的长度不宜超过80厘米，搁板下面要用整体金属制成衬梁，以确保搁板的承托力。另外，如果家里藏书较多，最好选用实木板做书柜。

木制护墙板有哪两种制作方法

1. 现场制作。通常采用普通木线条收边，大多刷成白色，制作带有木纹的护墙板价格比没有木纹的要贵。现场制作的木制护墙板与墙体融合在一起，没有缝隙，但是要消耗木料与油漆，而现场喷漆的油漆味则会污染室内环境。

2. 定做成品。需要后期安装，与墙体之间会有一些缝隙，需要用玻璃胶收边。由于是机器化生产，所以做工更加精细，不会损耗材料，也没有油漆味，但造价较高。

为什么墙砖需要留缝铺贴

铺贴墙砖时，如果不留缝或排铺过于紧密，会给日后留下麻烦。基础层、粘接层与瓷砖本身的热胀冷缩系数差异很大，使用1～2年后，瓷砖就会鼓起或断裂。之后重新铺贴的费用，将是首次铺贴的四倍。因此，墙砖必须留缝铺贴：

1. 便于工人依照实际情况随机调整砖间距，使边角部位尽量使用整砖，既能保持美观又无须裁砖，还能节省材料。如果接缝距离为1～3毫米，可节省约3%的材料。

2. 如果用不同颜色和图案的瓷砖作大面积拼花，留缝铺贴可以使花色转接更自然、更醒目。

3. 能避免因为尺寸偏差而导致的拼缝偏斜，确保贴砖面拼缝整齐。

4. 能避免因为墙、砖收缩率不同而导致的砖体变形、拱起、空鼓、断裂等状况，避免浪费。

为什么裁切后的瓷砖易出现开裂

　　裁切后的瓷砖，强度远远低于整砖，因此在后期容易开裂，这是正常现象。虽然有些瓷砖在装修完后一段时间才开裂，但很可能在裁切后就已经出现了细小裂纹，只是肉眼无法辨认。还有，铺装时工人会用橡皮锤敲打瓷砖两边，如果用力不一致，就会造成瓷砖和地面的附着力不同，加之后期水泥强度增加、拉伸力增大，瓷砖就极易开裂。如果瓷砖是由品牌装饰公司铺装的，业主可以要求原装修公司进行维修。

瓷砖腰线有哪几种贴法

　　竖贴腰线：如今的腰线设计已经打破了常规，走竖排路线。相对于横排，竖排腰线的线条更加流畅，而且更节省材料。而且，竖排腰线的图案花纹既耐看又极具现代感。

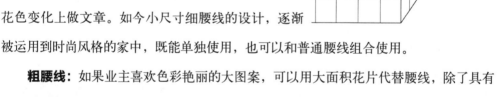

　　极细腰线：传统腰线都采用长方形花砖，只能在花色变化上做文章。如今小尺寸细腰线的设计，逐渐被运用到时尚风格的家中，既能单独使用，也可以和普通腰线组合使用。

　　粗腰线：如果业主喜欢色彩艳丽的大图案，可以用大面积花片代替腰线，除了具有冲击力的视觉效果，拼装方式也十分个性化。

　　四方腰线：这是创意贴法，可以沿着镜子四周贴装腰线，为镜子镶嵌一个与墙面一体的镜框，加强空间的协调感。

铺贴瓷砖有产生哪些正常损耗

　1. 瓷砖规格与铺贴面积不符。例如，房屋宽3.65米，那么600毫米×600毫米的瓷砖刚好合适，但如果宽4米，就必须裁掉20厘米，这就造成了损耗。另外，瓷砖尺寸越大，损耗越多。

2. 少数瓷砖质量不合格。瓷砖出厂会有色差、薄厚不均、不方正、翘皮等情况，即使是一批合格瓷砖也难免有不合格产品，而裁切瓷砖时也会有工差，即正常失误。通常，100块瓷砖中出现2块瓷砖损耗，即2%的损耗率，是正常的。

铺贴瓷砖有哪些非正常损耗

1. 质量差的瓷砖，施工时更容易破损，损耗就大。

2. 如果业主要求较高，工人就会挑出色差大、不方正、翘皮的瓷砖，若是无法退换的低价产品，损耗就相当大。

3. 铺装时，工人操作不熟练就可能将瓷砖敲碎。如果100块瓷砖中超过2块被敲碎，就可认为是恶意损耗。

地砖出现空鼓翘起有哪些原因

1. 没有及时进行湿养护，即向地面洒水让瓷砖保持潮湿状态。通常，贴地砖后的24小时之内就要进行湿养护，要持续一周，水泥充分吸水后才能达到应有的强度。否则，地面会处于极度干燥的状态，如果日后地面积水或水管漏水，那么瓷砖就会发生变形，形成空鼓或翘起。

2. 瓷砖质量不过关。经过长期的踩踏，如果瓷砖坯面密度不够，地砖就会与水泥地面自然脱离，而其他部位依然有很强的附着力，这样脱离的部位就会空鼓翘起。如果业主留有装修剩余的瓷砖，可以直接换掉出问题的瓷砖。

现浇楼梯注意哪些问题

1. 实木受潮气影响很大，因此最好在浇筑完成3个月以后再铺实木板。虽然短短十几天水泥就能凝固，但湿气仍在其中，并没有全部挥发，过早封死很容易返潮，影响踏板的使用。

2. 浇筑水泥前就要做好相应的设计，尤其是步高，设计时不但要考虑现有水泥楼面的高度，还要参考完成面的高度。业主要提醒设计师，特别注意起步步高与最后一阶的步高。

3. 搭模板、布钢筋是浇筑楼梯的常规步骤。施工时，业主最好能到场监督工人是否连台阶的三角都一起使用混凝土。有些不负责任的施工单位会偷工减料，只在下面的斜平板使用混凝土浇，上面的三角则用红砖或空心砖砌。这样的施工，虽然对整体牢固度没有影响，但踏板面不好固定踏板栏杆。

🏠 砖砌橱柜施工注意哪些问题

砖砌橱柜要有美观大方的外表，但还要顾及水电、燃气的安装及收纳空间的规划等问题。如果业主希望砖砌橱柜能达到成品橱柜的功能性，应该尽量请专业的家装设计师来设计，并请有经验的施工队伍施工。

1. 在设计时，首先要排好每个立面和横面，留出水表、燃气管道等的位置，再设计电源位置，然后才能垒砌。

2. 设计时，还要安排好灶台、水槽、消毒柜、拉篮等需要嵌入柜体的物品品牌型号，以免后期无法衔接。

3. 还要考虑五金件、成品木门的定制及安装问题。这些是在砌筑橱柜、洗手台后，由定做橱柜的厂家和家具厂家来安装，要与家装施工人员衔接。

🏠 卫浴间先铺贴瓷砖还是先买地漏

大多数业主容易忽视地漏，认为可以在铺贴瓷砖后再购买。实际上，地漏面板有很多种形状，如果没有提前买好地漏，工人在铺贴瓷砖时就无法判断应该预留多大的下水孔。如果预留孔与地漏尺寸不相符，后期会有很多麻烦。另外，很多业主认为地漏无关紧要，买便宜货也无所谓，这是错误的想法。因为地漏要固定在地面，而且瓷砖要开孔，质量差的地漏，不仅达不到防臭、防虫等使用效果，而且损坏了很难更换。

如何为乳胶漆调色

1. 简单来说，乳胶漆调色就是在白色的乳胶漆中加入色精，调出理想的颜色。

2. 涂刷到墙上一段时间后，乳胶漆的颜色会变深，因此在调色时就要注意将颜色调得稍浅一些。

3. 分为人工调色与电脑调色两种，各有特点。人工调色时，工人必须有经验与娴熟的技巧，才能调出需要的颜色与色度。电脑调色比较机械，适合没有经验的操作人员，给电脑一个颜色就能自动调色。但修改比较麻烦，而且需要相应的色卡，没有色卡就无法操作。

乳胶漆有哪些刷涂方法

涂刷乳胶漆的施工方法有手刷、滚涂及喷涂等：

手刷是家居装修中使用最多的刷漆方法，材料损耗少，质量有保证，但是工期较长；滚涂是使用涂料辊进行涂饰，涂刷效率高，适用于大面积涂刷；喷涂是用压力或压缩空气，通过喷枪将涂料喷在墙上。通常，家庭装修中的大面积部分会采用滚涂，边角部分结合手刷，这样既能提高涂刷效率，又保证了涂刷质量。但手刷的工期较长。

刷乳胶漆注意哪些细节

涂刷乳胶漆是最容易偷工减料的环节，业主一定要严格监督施工人员，事前做好充足的准备：

1. 涂刷乳胶漆前，业主要了解房屋的涂刷面积，估算乳胶漆的用量，以免浪费。

2. 涂刷时，调配好的乳胶漆必须一次用完，尤其是同一种颜色的乳胶漆。如果工程中出现需要局部修补的情况，则要待墙体干后在需要修补的地方重上底漆再刷漆，而不能直接涂刷面漆。

3. 及时检查涂层是否平滑，不平滑处可先用细砂纸打磨光滑，再涂刷一道面漆。

开窗通风会让乳胶漆干得更快吗

很多业主都喜欢在涂刷墙面后大开门窗，认为这样既能加速墙面的干燥，又能尽快散去涂料的异味，一举两得。但事实并非如此。因为，如果涂料干燥得过快，乳胶漆会在短时间内迅速失水，这样往往会导致墙面开裂，最后还要返工，尤其是北方干燥地区一定要注意这个问题。建议业主在涂刷完墙面后，稍稍打开窗户，留一条小缝，在保证室内通风的前提下，让墙面通过 1 ~ 2 天的时间自然干透，千万不要因为着急入住就大开门窗来通风。

现场制作家具上漆需要注意哪些问题

油漆是制作家具表面的最后一个环节，油漆工艺质量的好坏直接关系到房屋的整体视觉效果和整体设计感，因此非常重要。现场制作的家具上油漆时，要注意：

1. 选择价格稍高的优质聚酯漆。

2. 刷漆要现场记好遍数，这样才能呈现较好的效果。

3. 喷漆前要彻底打扫卫生，要向地面洒水以防止起粉尘，家具表面也要清除灰尘。处理好打磨刷平、刮腻子等基层项目，刷完油漆后才能有光亮的效果。

4. 现场制作和工厂制作的施工条件相差很多。如果进行现场喷漆，不论怎么打扫都会有粉尘出现，而粉尘一旦接触到漆面，就会使漆面不平。

哪些地方不适合铺设木地板

实际上，并不是居室内所有的区域都适合铺设木地板的，有些地方并不合适：

1. 厨卫。厨卫空间大都潮湿或油腻，若铺设木地板，既不方便清洁又不便于保养。

2. 玄关。玄关最大的作用就是做为室内外的过渡空间，会在这里脱衣、换鞋，因此耐脏又易于清洁的地砖更适合。

3. 卫浴门口。卫浴空间比较潮湿，出入时容易沾湿鞋子，因此卫浴门口最好铺设石材地面进行缓冲，以提高居室内木地板的使用寿命。

4. 阳台。铺装阳台地面时，建议业主尽量选择石材。因为阳台空间受室外天气因素的影响很大，随季节的轮换，冷、热、干、湿变化明显，这样会极大地缩短木地板的使用寿命。

如何确定地板的安装时间

装修时，地板很容易被损坏，所以必须要安排适当的安装时间和顺序，否则会在今后的使用中出现各种问题，同时也会增加装修过程中地板损坏的几率。建议业主在铺贴地板前就做好详细的规划。

1. 通常，完成油漆工艺，并做过清洁之后，就可以铺设地板了。木地板必须最后铺设，瓷砖可以先贴，但也要注意保护。

2. 可以在墙漆预留一遍后铺贴地板，然后再抹一遍墙面，最后装踢脚线。

3. 建议在春秋两季铺设地板。夏天室内温度高，这时铺贴的地板到秋冬季节后很容易因热胀冷缩而变形，甚至出现裂痕。而冬天气温较低，此时地板干燥冷缩，含水量很低，一旦进入潮湿闷热的夏天，地板吸收水分就容易膨胀鼓泡。

4. 地板铺贴要选择恰当的温度，在 16 ~ 30℃ 较为适合。这个温度区间符合树木的生长环境，能够使地板保持自然的最佳状态。

铺设地板前应做哪些准备

铺设地板前，要预先做的准备包括材料的存放保养、涂防潮保护漆等。

1. 业主购买地板后并不能直接铺贴，铺装前应该在
室温下存放两天再进行施工。考虑到防潮的问题，
地板应存放在阴凉干燥处，并用塑料膜保护好，
受潮的地板很容易发霉，使用寿命也会大打折扣，
晾干后也不能再使用。

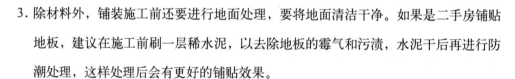

2. 铺设前，地板还需进行防潮处理，即在地板反面
涂上防潮保护漆，防止铺贴处地面的潮湿影响地
板，造成地板空鼓。

3. 除材料外，铺装施工前还要进行地面处理，要将地面清洁干净。如果是二手房铺贴
地板，建议在施工前刷一层稀水泥，以去除地板的霉气和污渍，水泥干后再进行防
潮处理，这样处理后会有更好的铺贴效果。

如何降低地板损耗

1. 如果希望减少地板的损耗，业主在购买之前就要精确测量房间面积。若房间面积
为 20.5 平方米，还需多出 5% 的富余，购买地板的面积就要稍多于 21.525 平方米
[20.5×（1+5%）]。如果最后地板损耗面积超支，业主一定要问清楚超支的损
耗是什么原因造成的。

2. 业主要在点货时仔细验货，以免不良商家在地板上作假或缺斤少两。若实在不放心，
还可以测量每块地板的面积，看看长、宽是否符合标准尺寸。

3. 业主到现场监工，在铺装工人裁切整地板时就要问清楚裁切的原因，以及裁切后的

地板要铺装在哪里，以免有工人弄虚作假。

4.业主应该自己清点地板，知道具体的购买面积、铺装面积、废料面积，算清损耗率。

🏠 实木地板的损耗是否收取安装费

实木地板安装过程中的损耗几乎无法避免。但是，有些业主会有疑虑，如果铺装时浪费了一些地板，这些损耗的实木地板需不需要收取安装费。

1.实木地板铺装的正常损耗范围约为5%，而且损耗部分需要收取安装费，因为切割实木地板也要算人工费。所以，建议各位业主在购买实木地板时，应选择大品牌的优质产品，否则，若选购了劣质地板，不仅损耗大，而且会有很高的安装费和维护费。

2.若购买的地板数量有富余，业主也不用担心。因为实木地板只要没被切割、没有划痕，就可以退给商家。

🏠 如何铺设有色差的实木地板

实木地板为天然材料，常常会有色差。但是，通过人工选择调整，可使其过渡自然、生动、有活力：

1.如果色差相对较小，则不用分级，铺设时直接调整即可。

2.如果色差较大，可分为深、浅两类，深浅不同的可装在不同区域或按深浅相间铺设。

3.安装同类颜色的地板时，应该相间铺设弦切板和径切板。

🏠 如何解决实木地板翘起的问题

为了拆装方便，有些木地板不与地板固定，而是采用地板块相互连接的方式拼接而成。木地板出现翘起，多数是由于铺设前没有将地面抹平，在这种情况下，脚踩在低处的地板块上，高处地板块就会随之翘起，长期受力不均就会导致地板高低不平，出现翘起。发现地板翘起后要尽快修补，如果有水渗入翘起的缝中被地板吸收，水分蒸发后，没有翘起的地板块也会变形。修补时，应先用水泥将地面找平，取下翘起变形的地板块，再铺装新的地板块，最后的铺装效果会非常平整。另外，要注意木地板的伸缩系数，铺装时要与墙壁间预留足够的伸缩缝，以免发生变形。

顶面安装地板注意哪些问题

顶面安装地板时需要打木龙骨来加以固定，这是地板登顶与地面铺装的最大区别之处。横着打木龙骨时，可使用文钉以每个间距40厘米来加以固定。还可以使用大芯板做顶面的底板，然后将地板固定在大芯板上。不管是哪种方式，都应该使用红外线水平顶面仪校平，避免地板在铺装后出现高低不平的现象。此外，还需留意顶面要保持干燥，防止水汽渗透而导致地板起拱。另外，不建议把实木地板铺在吊顶上，因为实木地板的变形系数相对要高。比较理想的选择是强化地板和实木复合地板。

墙面安装木地板注意哪些问题

1. 在用地板装饰墙面的时候，应优先选择较稳定的强化地板和实木复合地板。

2. 安装时，如果装饰地板的墙面不是承重墙，则需找到墙体的轻钢主龙骨，把铺装地板的木龙骨螺丝固定在主龙骨上，做到稳固。也可以先在墙面使用大芯板做底板，然后将地板固定在大芯板上。

3. 注意尽量不要把地板铺装在与卫浴间相邻的墙面，地板会因为受潮而引起变形。

4. 由于墙面相较于地面更加干燥，木地板发生干缩的现象会更加显著，因此推荐用线条来进行装饰。

什么时候安装木门比较合适

作为安装项目的一种，木门可以与洁具、橱柜等同步进行安装。木门的安装一般安排在大面积的施工项目完成后进行。大面积施工项目的完成具体来说是指墙面、地板、地砖等都已铺装完成，并且墙面已刮过两次腻子，进行过一次面漆粉刷。此时再安装木门，即使不小心出现一些磕碰，也可以通过最后一遍刷漆来进行补救。

安装木门注意哪些问题

进行木门安装时一定要确保地面的干燥。若装修时恰逢夏季或多雨时节，在地面比较潮湿时就安装木门是非常不好的，因为现在市场上销售的大部分实木复合木门的门套在出厂前一般会经过高温干燥处理，所以表面都带有一层漆膜。但在实际安装时，会将地面与门套之间用玻璃胶封住，门套的底端吸收了来自地面的水汽却又很难蒸发出来，会因高温多湿而导致变形。如若水汽过重，还可能导致严重变形或者霉变。

如何安装卫浴间门

1. 卫浴间的装修顺序有一定讲究。通常遵循先安装门，再铺瓷砖和门槛石的装修顺序。这种装修顺序的好处是可以避免因装修师傅对于预留门框宽度的估计不准，而导致瓷砖与门的接缝处出现参差与不美观的情况。

2. 铝合金门更适合用于卫浴间。卫浴间是非常潮湿的地方，特别是底部门框埋在地面瓷砖下，时间久了更容易腐烂变形。铝合金的材质比较坚固，不易遇水腐蚀变形。相对于价格较高的铝合金，也可以考虑用塑钢门来节约成本。

3. 卫浴间的门通常为玻璃材质的，所以建议尽量不要装门吸，因为门吸力量过大，经常开关会损坏玻璃。

🏠 安装门吸注意哪些问题

1. 安装门吸时，要先检查下在开门时，门锁和门板会不会碰撞到墙面或其他物体，然后要测量好门吸的准确位置。如果门后有带柜门或抽屉的书柜或衣柜，要注意门吸的位置不能阻碍柜门或抽屉打开。

2. 按照安装的位置不同，门吸分为地吸和墙吸，分别安装在地面和踢脚板上。使用地吸的优点是开关门用力可大可小；缺点是安装时容易弄坏地板，损失较大；墙吸的优点是安装方便，可以直接安装在踢脚板或钉在墙壁上；缺点是长久使用和吸力过强的情况下，踢脚板容易从墙壁剥离下来。但综合来看，更换一块踢脚板比更换一块地板更加省钱省力，所以更加推荐墙吸。

3. 购买门吸可以根据门板与被碰撞墙面的间距来决定种类和规格。推荐首选金属质地的门吸。

🏠 安装移门需注意哪些问题

1. 安装移门前需预留移门轨道。在设计阶段，就要确定好移门的式样，同时要提醒工人按照移门轨道的安装要求预留相应的尺寸。千万不能等到地面施工完了才想到要安装移门，如此一来只能把轨道设在地面上，这样安装不但会影响装修整体效果，更不利于移门的尺寸测量和密封性能。

2. 移门切忌过宽。移门如果过宽，就会影响到移门稳定性，造成移动时容易晃动，长此以往会缩短轨道的使用寿命。

3. 边框型材厚度不可过薄。一般边框厚度要达到 1.2～1.5 毫米才会比较稳固。业主在选购时要注意，不要为了美观而忽视了边框的实用性。

安装不同灯具分别注意哪些要点

1. 吊灯。当吊灯重量超过3千克时，为了其稳固及安全，需要在原顶里预埋吊钩，并用螺栓加以固定。

2. 吸顶灯。在安装吸顶灯时应在吊顶或空心楼板处预埋安装构件，并用螺栓加固。

3. 软线吊灯、长杆吊灯。这两种灯的灯线都不承重，所以一定要设置吊链与灯的顶部连接，来承受灯具重量。

4. 筒灯。筒灯在安装时，需要在顶部挖出小于灯具外盖4毫米的孔径，以方便安装换取。

5. 射灯、镜前灯。都需要平整安放，且要注意这两种灯不能安装在同一水平线上。

卧室安装吊灯注意哪些问题

1. 摆放位置。卧室中的吊灯一般摆放在卧室中心为佳。如果床的摆放位置居于卧室中心，则一般以床中心的正上方作为吊灯位置。

2. 高度选择。卧室的吊灯不宜过低，以免在整理床铺时被掀起的被子碰到。但是在床头两侧的吊灯则可以靠近床头，尽量低些，更加富有情趣。

3. 亮度设置。若吊灯只有一个发光球，则可以选用功率较大的灯泡，再配以磨砂灯罩，这样不但照明效果好，也可以柔化卧室内的光线；如果是带有多个发光头的吊灯，则每个灯泡的功率应尽量小些，避免导致灯光过强。此外，石英灯由于过于炫目，也不推荐在卧室使用。

安装软包注意哪些问题

1. 制作床头靠背、榻榻米靠背等软包前，业主要多与设计师沟通，确定合适的装饰框。

2. 软包厚度为3~5厘米，底板要选择9毫米以上的多层板，少用容易起拱的杉木集成板。

3. 不同于传统软包，条型软包要用塞刀塞皮革，制作工艺比较复杂。

4. 带有灯管槽的床头背景墙大多安装传统软包。

5. 等到装修中期，铺好电线、刷完墙面、做完油漆后，就可以安装软包了。卧室内的软包应该在铺设木地板之前安装完毕。

安装壁炉注意哪些问题

1. 壁炉应安装在活动最多房间里，这样可以发挥最大的热效。如室内层高较高，可使用风机能把热量散播到活动区域。

2. 为了与全自动操作的壁炉配套，在完成最终安装前要在其安装位置旁安好电插座和电线连接盒。

3. 如果是复式住宅，壁炉安置的最佳位置即楼梯的转身平台，壁炉安装在此就能把热量直接传播到上层房间或下层房间，从而达到节能的目的。

4. 放置壁炉的地板同样需做隔热处理。例如，敞开式燃木壁炉就需要一个宽大的底座来装载火星和灰烬。

5. 挑选一个合适的壁炉底座也很重要。陶瓷，大理石和砖石底座都是不错的选择。

哪些位置适于制作手绘墙

1. 选择一面比较主要的墙面大面积绘制，会给人以强大的视觉冲击力，令人印象深刻。

2. 比较特殊的空间进行针对性绘制，比如在墙角可以绘制以花卉、树木为主题的画，在儿童房可以画一些卡通人物动物等。

3. 家装时，经常有一些拐角、角落位置不适合摆放家具或者装饰品，这时候就可以用手绘墙画来丰富起来。

4. 针对家具、电器、陶瓷、装饰品来画一些比较有创意性的画可以起到意想不到的效果。

制作手绘墙容易发生哪些问题

1. 手绘墙使用没多久，画面就出现了不同程度的凸起、开裂，甚至脱落现象。建议在制作手绘墙以前，检查并保证墙面较细腻平整，不反光、无空鼓、裂缝，靠近卫浴的墙面确保做好防水保护措施。有些特别的手绘墙还需要刷有色乳胶漆来衬托。

2. 不同载体的手绘墙画面色彩、颜料厚薄不均，易出现大面积色差。在使用时，颜料脱落严重，影响到手绘墙的整体效果。对于手绘墙的载体，要求其必须具备一定的附着力，不然较易造成着色困难。

安装超长搁板注意哪些问题

有时候为了增加实用性和美观性，家中会做一些超长的搁板，但是往往在使用一段时间后发现，因为重力过大，在搁板的中间部分会向下沉降并弯曲。做这种超过一米的超长搁板的时候，建议使用双层细木工板制作，这样能有效避免长期使用后造成的搁板中间部分向下弯曲的情况。

安装壁挂电视机注意哪些问题

要安装壁挂方式的电视，应首先确认墙体是否是承重墙。同时检查下在安装部分是否存在暗藏的水、电、气等管线，以免造成安全隐患。应在确认安装电视的位置预留强弱电的插座面板，这样电视安装后才可达到预期的整洁效果。此外，在安装时应确保观看距离至少为显示屏对角距离的3～5倍，安装高度应以业主坐在沙发上眼睛平视电视中心（或稍下）为宜，一般情况下，电视机屏幕的中心点应离地约1.3米高。

小卫浴间适合安装淋浴房吗

一般来说，一个淋浴房的宽度至少要在 85 厘米以上，高度也要在 185 厘米以上，这样人在其中沐浴才能活动自如，不至于磕碰撞伤。对于一间不到 4 平方米的卫浴间如果放了宽度在 85 厘米的淋浴房，那么剩余的空间便放不下坐便器、洗手台和浴室柜了。因为这些卫浴安装时，彼此要留出 10 厘米的距离，人才能正常使用。所以，当卫浴间面积有限时，安装淋浴房反而会带来各种不便。

卫浴间安装坐便器注意哪些问题

坐便器排水方式分为两种：下排水和后排水。购买坐便器前一定要先弄清卫浴间的排水方式。根据不同的排水方式，来确定安装尺寸。现在的住宅一般都采用下排水。下排水坐便器主要有 400 毫米和 300 毫米这两种眼距。下排水需测量坐便器排水口中心距墙面的距离。

而后排水则需要测量坐便器排水口中心距地面的距离。只有选择好合适尺寸的坐便器，才能方便、快捷地进行安装。

卫浴间安装浴缸注意哪些问题

1. 安装前，需注意浴缸内部的排水孔的位置，铺设地面时应注意保持排水孔一侧的地面低一点，这样浴缸内的水可以及时排完，不会造成积水。

2. 水件安装完毕后，需检查各个出水口是否畅顺，并关闭去水阀，给浴缸内蓄水，观察是否有漏水现象以及排水速度是否正常等。

3. 浴缸安装完毕后，一般家中的施工还没有完全结束，应该注意对浴缸的保护，为避免被杂物弄花表面，可用纸箱皮等将浴缸整体包裹起来。

完成施工后要注意的事

完成了施工，不代表完成了装修，
装修剩余的材料该如何保存，
装修保修期有多长时间，
过了保修期之后装修出现问题又该如何处理，
这些问题关系到日后的家居生活，不得不重视。

🏠 装修竣工后要做哪些事情

1. 首先要做的就是按照装修合同逐一核对装修项目，看看是否存在遗漏或未发生的项目。如果有，则应该根据实际情况选择继续完成或做减项处理。通常出现这种情况是很正常的，因为装修的不确定因素很多，原设计会发生更改，而这些更改的部分中很有可能存在已经计费但未发生的工程，所以要从最终的装修费用中扣除。套餐式（以及其他收取管理费的装修方式）装修中，很多合同都设有管理费（按照合同总金额收取，通常为 8% 左右）这一项，而装修中发生的所有费用几乎都会被加上管理费进行计算，所以，做减项时要将该费用的管理费一并减去。

2. 装修竣工后，对照装修合同算清装修的已发生增项是一个必要的环节。在计算装修增项时，要逐一对增项项目进行测量与审核，避免出现错报、多报的现象。这是一个容易被装修公司钻空子的环节，业主要特别留心。

3. 结算装修费用之前，业主要与装修公司签署保修协议。入住一段时间后，通常会出现一些小问题，如果没有保修协议而要求装修公司维修会比较麻烦，可能出现互相推诿的情况。另外，一旦发生装修公司拒赔因装修不当而造成损失的情况，就可以用装修合同和保修协议维护自己的合法权益。

🏠 为什么要保存装修剩余材料

保存装修剩余材料主要是为了修补边边角角。因为，很多家庭基础装修完成后，家具还都没有搬进房；很多装饰品如挂画等也都未安装。在搬运和安装的过程中，难免会出现墙面和门窗边框的磕碰，这时如果有装修材料备用，就可及时进行修补。

用装修剩余的装饰材料进行修补，也可能会出现一定的色差，但和重新购买的产品相比，采用剩余装修材料进行修补能将前后差别缩减到最小。因此，适当保存部分剩余装修材料是有必要的。

哪些装修剩余材料需要保留

业主可以适当保存部分剩余装饰材料。建议选择保存带颜色的装饰材料，因为日后可能买不到相同的批次与色号，如瓷砖、地板、踢角线、乳胶漆、色漆等。另外，业主应保留剩余的有色乳胶漆，白色乳胶漆没有色差就不需保留了。业主还应记住有色乳胶漆的配制比例，方便重新购漆时进行调色。

如何保存不同的装修剩余材料

瓷砖、踢脚线： 为避免受潮而引发色变，要将瓷砖和踢脚线分别用塑料袋包好，放置在干燥的地方。

地板： 容易受潮变形、色变，最好用能吸潮的报纸包好，放置在干燥处。

乳胶漆： 用盖子将乳胶漆桶盖好，放在阴凉的地方。如果能灌装到密封容器中，更为保险。另外，业主要注意保质期，兑过水的乳胶漆放置 10 ~ 20 天就无法使用了，没有兑水的乳胶漆也要在保质期内使用。开封后，乳胶漆通常只能保存半年。

如何确定延误工期的责任方

没有在约定时间内完成装修工程，是十分常见的，可以分为以下情况：

1. 家装公司无须承担违约责任：一般来说，如果工程量或工程设计发生变更，工程工期可以顺延，不算装修公司违约。工程量变化是指原设计报价反映出来的工作量与实际工作量不相符；而设计变更则是指对原设计方案进行修改或重新设计。如果出现这种情况，业主也要与装饰公司进行约定，确定顺延期限，避免装修公司以此为理由无限制延期。另外，因不可抗力、业主未按约定完成相应工作或由业主提供的材料发生质量问题、业主未履行合同约定按时支付工程款等而造成的工程延期，家装公司也无须承担违约责任。

2. 家装公司应付违约责任：施工单位未按期开工或无故停工、由装修公司提供的材料发生质量问题造成返工或整改等造成的施工延期情况，装修公司应按照合约进行赔偿。业主在与施工单位签订合同时，有必要约定违约责任及相关赔偿责任。最好确定每天支付违约金的具体金额，如果是按工程总价的比率填写，最好测算一下折合每天的具体金额数。如违约金金额太少，就有可能达不到约束的效果。

🏠 如何正确使用装修保修权利

1. 确定原因。申报保修之前，业主应该先找到产生问题的原因，确定是装修质量问题还是使用环节造成的损坏（如阳角破损），之后再将数量、位置及具体情况记录下来，最好留下影像资料，这是保修前的第一个步骤。

2. 明确责任。申报维修由于使用原因造成的问题，可能会被要求付少量的人工费或材料费，由于施工质量引起的问题大多是免费的。在申报前应该明确保修责任，业主也不必刻意推卸己方过错，大部分家装公司在处理小问题时不会太较真。

3. 备好合同：一些正规装修公司在提供保修服务时，会要求业主出示保修合同。因此，在签署装修合同之后，业主要将所有合同、协议、付款证明、发票都保留好，以免在申报保修时发生不愉快。

🏠 装修保修期有多长时间

装修公司在对房主的房子装修完成后，一般都会有保修期，在一定时间的范围内，装修公司会对其工程进行保修，如果出现什么质量问题，装修公司就该免费把出现的问题解决掉。那么装修公司的保修期有多久呢？相信对于很多的装修公司来说，这个保修期自然是越短越好，这样才不会为自己套上更多的责任与精力，同样相反，对于业主来说，这个保修期是越长越好，这样才可以让自己家的房子的装修得到最好的保障。

其实保修期并没有固定一说，这完全是根据不同的装修公司自己的情况来制定的，有些装修公司实力雄厚，对于装修的质量很有信心，给的保修期也会比较长，可能会达到三年，不过这种公司的装修费用也相对比较高。而大部分的装修公司就不会提供这么长的保修期了，一般都是在一年左右。

🏠 装修保修期分为哪几个阶段

1. 刚搬入新房的一两个星期。这是业主在搬家的一个阶段，在搬家的这段时间内，磕磕碰碰是难免的，这也许就会对装修造成损耗，而且这个时候房子需要对水电情况进行检验。

2. 半年后的常规保修。这段时间的保修主要是针对一些像是地板、墙壁等比较常见的保修，其中如果出现地板卷曲、地砖裂开，或者是墙面有裂缝、脱落等问题，便是需要装修公司保修的。

3. 一年后的保修。在这个时期房屋的装修效果的情况基本上也摸清楚了，之所以还需要针对这段时间进行保修，便是看是否会因为季节的变化而造成装修的损坏等情况。

🏠 家庭装修过了保修期怎么办

如果维修已经过了保修期，业主们也不必着急，这里就为业主提供一些小技巧：

1. 遇到不显眼、不影响房间使用的小问题，先不要急于维修处理，将问题积攒下来，并做出详细的记录，等到多积累一些问题后，再要求装修公司派工人统一上门修理。这样既可以节省上门费用，又能够将维修房间对家居生活的影响降到最低。

2. 如果在家庭装修过保之后需要维修，建议在维修之前先确定维修价格。

而且，现在有很多专接小活的工人和服务公司，简单维修的收费较低，而且质量也比较有保证。因此，一些小问题不一定非要找收费较高的装修公司，通过小区物业、小服务站或个人的简单处理就能搞定。

常见的装修纠纷有哪些

一般来说，装修纠纷包括以下六种：

1. 装修公司和业主为了装修材料的质量产生纠纷。

2. 业主对装修公司的施工质量不满意。

3. 在家装合同中没对施工范围和施工具体项目进行仔细约定，导致在后期施工时产生纠纷。

4. 装修公司拖延施工工期引起的装修纠纷。

5. 装修公司在收取部分工程款之后消失或者停工引发的装修纠纷。

6. 在装修工程结束之后，家装合同保质期内，业主发现房屋装修存在质量问题，和装修公司产生纠纷。

如何解决装修纠纷问题

1. 勘察取证。请公证处和装修业内人士到施工现场进行勘察，对材料和施工的质量问题进行现场勘察和调查取证，业主需保存好书面证据。

2. 协商整改。保存好证据后，可以先找装修公司进行协商，如果装修公司态度较好，及时进行整改就可以了。

3. 移交法院。如果装修公司态度强硬，不愿进行整改，业主可以将证据交给法院，包括业主与装修公司签订的家装合同、存在质量问题的装修材料样品、公证处公正的书面证据。如业主想要求索赔，则需向法院提供损失清单、单据、第三方到场的现场勘查记录等。因此业主们需要保存好装修公司的各种发票和单据。

轻装修重装饰
做好软装搭配

现在很多装修业主越来越倾向轻装修重装饰，
这样既可以花小钱做大效果，
又可以在后期轻易通过软装饰品进行家居装修风格的改变，
给自己一个新的环境。

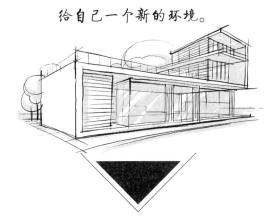

🏠 装修配色从哪几方面入手

1. 弥补房间缺陷。对于较小的房间，为了能够使空间看上去宽敞些，会首先考虑采用浅色、弱色、冷色等来达到这个目的。

2. 以房间中不可变更的颜色为重点。比如原来已经涂刷了的墙漆，或是一件钟意的老家具，它们的颜色已经固定，这样新添家具和陈设的颜色，就要以这些色彩为基础去搭配。

3. 从色彩印象开始进行空间配色。根据个人经历和喜好，找出心仪的色彩印象，这些色彩印象的来源是无限广阔的，同时连着我们内在的情感，运用在居室中，能产生很强的个性魅力和归属感。

🏠 在一个房间内能够采用多个色彩印象吗

对一个房间进行配色，通常以一个色彩印象为主导，空间中的大面积色彩从这个色彩印象中提取。但并不意味着房间内的所有颜色都要完全照此来进行选色，比如采用自然气息的色彩印象，会有较大面积的米色、驼色、茶灰色等，在这个基础上，可以根据个人的喜好，将另外的色彩印象组合进来。但组合进来的色彩，要以较小的面积来体现，比如抱枕、小件家具或饰品等。这样会在一种明确的色彩氛围中，融合进另外的色彩感受，形成丰富而生动的色彩组合。这样的组合，比单一印象更加丰富，更具个性魅力。

🏠 如何设计客厅的色彩

1. 若客厅的主色调是红色，其他的装饰色就不要太强烈，如地面可选用花绿色，墙面用灰白色等，以避免造成色彩冲突。

2. 若客厅的主色调为橙黄色，其他装饰色就应该选用比主色调稍深的颜色，以达到和谐的效果，使整个房间给人以柔和而温馨的感觉。

3. 若客厅主色调以暖色绿色为主，地面和墙面就可以设计为蛋黄色，家具为奶白色等，这样的色彩搭配能给人以清新、细腻的感觉，使整个房间气氛变得轻快活泼。

如何搭配客厅沙发与墙面的色彩

1. 若采用以空间为主角的搭配方案，应当先思考空间，再选择家具。以空间颜色为主要色调，饰品起点缀作用。如果客厅大，整组沙发的色彩可以大胆选择。

2. 若以家具为主角，空间需为同色系。红墙可选复古原色皮沙发，绿墙适合有钉扣的英式皮沙发，紫墙则选全白皮沙发。家具的配色上，茶几或边桌使用较重的木头或金属搭玻璃材质，浅色沙发配深色抱枕，反之亦然，对比色或相近色皆可。

3. 如果采用谐调相近色的搭配方案，墙面与沙发应为同一色系或是相近色的搭配，可选择对比色的抱枕来调节色彩，最好再加一盆绿色盆栽。家中摆放的若是花色沙发，从中取出一色作为墙壁的颜色即可。

4. 要是选择律动对比色的搭配方式，橘、红、黄的暖色彩，与其对比的蓝、绿、紫冷色彩，相互搭配起来，除了能让色彩看起来更加鲜明以外，还能产生韵律感。同样，一组蓝色沙发，在白墙、橘红墙或黄墙的背景之下也会产生不同的感觉。

如何搭配客厅的地板色彩

1. 现在有不少家庭喜欢使用白色地板，希望拥有宁静的家居气氛。建议喜欢白色地板的业主尝试使用灰白色系等较为轻快的颜色，这种色系也容易给人宁静的感觉，而且不容易形成墙壁颜色重、地板颜色轻的局面。

2. 有的家庭喜欢使用略带黄色的地板，墙壁就运用相邻颜色的法则，可挑选与黄色相邻的绿色，这样就能营造出一个很温暖的氛围。

3. 深色调地板的感染力和表现力很强，个性特征鲜明。如红色调的地板本身颜色就比较强烈，如果再将墙壁刷上深色的涂料，就会显得不谐调。建议选择带有粉色调的象牙色，这种颜色可以与红茶色地板形成统一感。

4. 还有一些业主愿意把白色墙壁和深茶色地板搭配。其实这种搭配容易使地板显得很暗，如果墙面选择同为茶色系的开司米色，墙壁和地板的颜色就比较接近，空间也会显得更大。

🏠 如何确定客厅沙发面料的色彩

1. 如果客厅宽敞明亮、采光较好，大花、大格、大红、大绿等鲜亮颜色造型均可大胆使用，但要注意与其他家具颜色的协调性，并保持风格的统一性。

2. 如果客厅是半墙裙或金色墙，切忌选择艳丽颜色，应重点选择素色面料；要想达到现代时尚的效果，抽象几何图形及流行色是最佳选择。

3. 如果客厅墙面是四白落地的，选择深色沙发面料会使室内显得洁净安宁、大方舒适。

4. 若是白门白窗的欧式房间，宜采用典雅大方的复杂花型面料。款式要宽大些，才能与房间的格调一致。

5. 原木色彩门窗的日式屋，选择窄条小格或稀疏碎花、低矮平缓的日式沙发最为理想。

🏠 卧室墙面色彩应如何搭配

在确定卧室墙面颜色时，首先应该考虑到家具的颜色，避免家具与墙面的颜色出现冲突。

地面颜色的选择也很重要。在颜色的明度上，墙面颜色最好比地面颜色稍高，这样才会令空间获得一种较好的稳定感。因此，在使用深色地面时，墙面颜色才会具有更广的选择范围；而在选用米色、白色的地面颜色的情况下，建议尽量使用白色的乳胶漆涂刷墙面。

在选用卧室墙面色彩时，还需要考虑卧室周边环境色彩的影响，如北向阴面卧室最好使用偏暖一些的颜色来提高室内的感官温度，而南向阳面卧室则最好使用中性或偏冷色的墙面，以降低夏季阳光照射产生的燥热感。

如何设计卧室的色彩

卧室是休息睡觉的地方，所以整体色彩主要应以素雅和谐为主，营造出一个温馨宁静的睡眠环境。可以设计使用一个色系的颜色，并尽量一致，床单、窗帘、枕套可以使用同一色系的色彩，不要使用对比强烈的色彩，比如一黑一白等，避免给人很鲜明的感觉，这样容易使大脑兴奋而不易入睡。对局部的颜色搭配应慎重，稳重的色调较受欢迎，如绿色系活泼而富有朝气，粉红系欢快而柔美，蓝色系清凉浪漫，灰调或茶色系灵秀雅致，黄色系热情中充满温馨气氛。

如何使卧室地板和衣柜的颜色搭配协调

卧室的地板和衣柜颜色搭配是否协调是装修卧室必须考虑的问题，一般可以按装修风格来考虑地板和衣柜的颜色搭配，具体有欧式风格、田园风格、时尚风格三类。一般欧式风格的衣柜分为淡色调的白色与深色调的苹果木色。白色欧式衣柜、白色的墙面或欧式的墙纸搭配浅色地板，比如浅灰色、浅蓝、浅橡木、浅白枫、浅樱桃木等。深色的苹果木色、或深紫色、深灰色的欧式衣帽间或衣柜，一定不能配浅色的地板，因为这样会显得地板很低档，要用深色的地板去配深色的衣柜；田园风格中的布艺很重要，所以地板颜色要纯点，衣柜以中色系为主。时尚风格中常常看到黑白灰的装修风格，不过建议以白色的装饰为主。可以考虑选色彩相近，又能区分地板与衣柜的同色系色彩。

如何设计餐厅的色彩

餐厅色彩搭配要注重整体感。墙面可用中间色调，顶面宜用浅色调以增加稳重感。

通常以接近土地的颜色，如棕、棕黄或杏色，以及浅珊瑚红接近肉色为最适合。灰、芥茉黄、紫或青绿色等颜色会让人觉得不舒服，应该避免。蓝色清新淡雅，与各种水果相配也很养眼，但不宜用在餐厅或厨房，蓝色的餐桌或餐垫上的食物，总是不如暖色环境看着有食欲。

在不同的时间、季节以及心理状态下，还可利用灯具及一些小饰品来调节整体的色彩效果。比如家具的颜色较深时，可以通过明快清新的浅色桌布来进行衬托；在炎热的夏季，用蓝色调的灯光搭配果绿色的桌布，可以带来一种凉爽感。

🏠 如何设计玄关的色彩

公寓住宅中的玄关空间一般都比较小，所以在选择色彩时，应尽量选择清爽明亮的浅色调，如白色、淡绿色、淡蓝色、粉红色等。这些颜色象征着希望和热情，能避免因空间狭小或采光不好造成的阴暗感。如果住宅面积比较大，而且玄关是以厅的形式单独划分出来，比较宽敞通亮的话，可以采用丰富而深沉的颜色，营造出低调而华丽的视觉感受。不过，还是要避免使用让人眼花缭乱的色彩与图案，否则会让空间看起来非常杂乱。

如果想打造温暖舒适的居家氛围，对玄关采用暖色调装饰，则可以适当地增加一些饰物，营造出一种让人有归属感的气氛。而如果想打造给人以简练、现代感的冷色调玄关，则应该尽量去除不必要的摆设，尤其不能堆积杂物，这样才更符合冷色调的特征，也能让空间显得更加宽敞明亮。

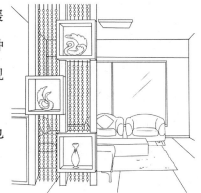

🏠 如何设计书房的色彩

书房环境和家具的颜色应多使用冷色调，这样有助于让人的心情平和。通常，为了营造宁静的氛围，地面的颜色一般较深，可选用亮度较低、彩度较高的色彩作为地毯的颜色进行装饰。与之相反，顶面的处理应考虑室内的照明效果，一般选用白色较为适宜，以便通过反光使四壁明亮。而墙面的色调应选用典雅、明净、柔和的浅色，如淡蓝色、浅米色、浅绿色等。同样，家具和饰品可以与墙壁的颜色相同，然后在其中点缀一些和暖的色彩，可打破略显单调的环境色彩。最后，门窗的色彩要在室内调和色彩的基础上稍加突出，以显示出其功能的不同。

🏠 如何确定厨房瓷砖的颜色

厨房瓷砖的颜色选择也是很讲究的。一般应选择冷色调和浅色调的颜色，再选择一些如明黄、苹果绿等亮丽的色彩作为点缀。瓷砖图案最好是水果、食品、餐具等与厨房文化相关的物品。其他需要注意的问题还有：

1. 如果想突出空间的层次感，浅色墙砖是可选的，地砖则用偏深的颜色与之对比。

2. 倘若追求协调统一的视觉效果，最好以同一色系布置厨房瓷砖和橱柜。

3. 业主如果希望厨房具有较强的视觉冲击效果和时尚前卫风格，瓷砖颜色最好和橱柜颜色形成对比反差，这样能获得更好的效果。

🏠 如何确定橱柜面板的颜色

1. 白色是最常用的橱柜面板颜色，也是最实用的。白色给人一种简约整洁的感觉，适用于普通家庭，但如果厨房装修属于奢华风格的，那么在使用白色面板时一定要饰以金、银色，以提升层次感。

2. 冷色系橱柜面板体现安静、舒适的风格，其中以浅绿、浅蓝等颜色最受欢迎，但缺点是装饰效果稍差，相对不耐脏，需要投入更多的精力来进行清洁。

3. 暖色橱柜面板的选择非常广泛，包括紫色、黄色、红色、橙色等都会经常被用到。暖色系面板给人的感觉是热情、健康与温馨，具有较强的装饰效果与视觉冲击力。但过于饱和的颜色会产生突兀感，普通业主在使用暖色系时要注意适当降低颜色的饱和度。

如何设计卫浴间的色彩

在色彩搭配上，卫浴间的色彩效果由墙面、地面材料、灯光等组成。卫浴间的色彩以具有清洁感的冷色调为佳，搭配同类色和类似色为宜，如浅灰色的瓷砖、白色的浴缸、奶白色的洗脸台，配上淡黄色的墙面。也可用暖色调，如乳白、象牙黄或玫瑰红墙面，辅助以颜色相近的、图案简单的地砖。另外，卫浴间大胆使用黑白色，以绿色植物作点缀，可平添不少生气。

客厅家具混搭注意哪些问题

成套购买家具省了搭配的精力，但也带来了把样板间搬回家的尴尬。而且，很多时候也会碰到价格或尺寸不那么合适的情况，所以混搭是必然的。家具混搭时需要注意的几个要点：

1. 风格要统一。这是混搭家具时要遵循的最基本原则。大胆的跨界混搭也是允许的，但只限于个别小件单品，且这些小件单品一定要慎重选择。

2. 色彩要有层次。业主在购买不同套系的家具的时候习惯寻求靠色，即接近的颜色，但靠色往往会形成视觉上的模糊，造成整体配色不清晰、不清爽，所以混搭时要能刻意制造色彩落差，在和谐中形成清晰的层次感。当然，做好这点的前提是搭配和谐。

3. 用配饰模糊界限。配饰是很好的调合剂，比如一组沙发中，单人沙发椅与双人沙发、三人沙发属于不同的套系，但用统一花色的靠包和抱枕作配饰，既能不着痕迹地消除界限，又可以将三者完美地融为一体。

客厅的新旧家具如何搭配

在布置客厅时，常常会出现这种情况：家里新买了家具，可是旧的家具又舍不得扔掉，于是就有了新旧家具共存一室的想法，但如何具体做到和谐相处呢？

1. 注意色彩。新旧家具的色调应基本一致，这样新旧家具的协调问题基本解决了一半。

2. 注意新旧家具造型的协调统一。可以对旧家具的式样进行改装，尽量在形体上与新家具协调，达到形体重新组合的目的。比如，对部分旧家具的腿脚进行改造。

3. 质地要相对统一。家具的质地有很多种，如藤制、红木和金属等。为了使室内风格一致，新家具的材料要与旧家具相吻合。旧家具一般采用实心木和原始天然材料较多；而现代家具多采用多层胶合板、塑料贴面板、细木贴面板等。很多装饰板材如仿水曲柳、仿柏木等经加工后，可以模仿出真实木质的效果，这在一定程度上解决了新旧家具材质的协调问题。

🏠 小户型客厅家具有哪些搭配形式

小户型客厅空间较小，家具选择范围小，为了让客厅显得比较宽敞又有时尚气息，小户型客厅的家具可以尝试以下几种搭配形式：

1. 一个转角沙发组合再加上单人沙发。转角沙发组合可以有效地利用客厅空间，客人来了就可以在沙发上松散地坐着。在转角沙发的对面或者旁边可以摆放一个单人沙发，供主人坐。

2. 三人沙发加坐垫、扶手椅等简单家具。这种布置形式会让客厅空间显得宽敞。年轻业主的朋友在选择座位上不会那么讲究，直接坐在坐垫上也能让气氛变得比较轻松。

3. 双人沙发加上沙发凳。为了让客厅能显出时尚气息，业主可以选择双人沙发搭配一个无脚的懒骨头沙发凳，这样可以根据客厅的空间，随意移动位置，非常方便，同时也能让客厅空间显得比较宽敞。

如何确定客厅沙发的尺寸比例

1. 单人沙发：单人沙发坐面的高度（指地面到坐面的高度）应在 36 ～ 42 厘米，如果过高，就像坐在硬椅上一样，会让人觉得不舒适；如果过低，坐下去站起来会很费劲。坐宽不要小于 48 厘米，否则会感到拥挤；坐面深度应在 48 ～ 60 厘米，过深则小腿无法自然下垂，过浅就会感觉坐不住。

2. 双人或三人沙发：双人或三人沙发的坐面高度、坐面深度与单人沙发的一样。但坐面宽度有变化，三人沙发每个人的坐面以 45 ～ 48 厘米为宜，双人沙发每个人的坐面宽度为 50 厘米，具体坐面应视使用者胖瘦而定。

3. 沙发扶手：所有沙发扶手的高度在 56 ～ 60 厘米最宜，靠背的斜度以 95 ～ 108 度为佳；沙发后靠背的高度，以坐下时达到肩与耳之间为宜，从地面算起到靠背顶部大约 68 ～ 72 厘米。

选购客厅沙发注意哪些重点

颜色：沙发的颜色应与客厅的地板相搭配，通常深色调的地板可选择浅色系的沙发，浅色调的地板可选择中性色或是深色系的沙发。

规格：要根据客厅的大小来选购沙发，使沙发在客厅里显得协调。业主选购时最好能带上房子平面图，标明客厅大小的尺寸，注明门的位置和需要注意的地方，以供参考。

舒适度：要注意选购的沙发要坐感舒适，令人放松而毫无拘束感，能拉近彼此间的距离，保证家庭成员的休闲生活。

不同户型的客厅如何布置沙发

沙发的大小、形态取决于户型大小和客厅面积。一般而言，沙发面积占客厅空间的

25% 是最佳比例。

如果是面积在 60 平方米以下的小户型，通常客厅不会大，甚至没有独立客厅。像这种户型，应选择体积较小的分体沙发，这种沙发是可以自由移动和组合的。但分体沙发的靠背不能太高，数量最好也不要超过三个，否则会让小居室看起来很拥挤。

如果是面积为 60 ～ 100 平方米的中小户型，通常客厅面积都不会少于 12 平方米，比较适合中等体积的二人或三人沙发。建议购买分体沙发，可根据面积大小进行"1+3"、"2+3"或"1+2+3"的灵活组合。

如果是面积 100 平方米以上的大户型，那么客厅可能会大到三十多平方米，一定要选择尺码较大、沙发面够长的整体式沙发。切忌摆放多个单件的沙发，不然客厅会变成一个沙发展示厅。

🏠 如何鉴别客厅沙发面料的质量

图案：选购时要仔细观察面料的图案，通常单薄的面料采用印花图案，工艺简单，价格较低；花纹等图案属于机织上去的，较为厚实，也较高档；由不同经纬线织出的图案具有立体感，不像印花面料那样平滑；由纯棉、纯毛精织的面料较普通人造丝的面料档次高。

皮质：现在用于沙发的牛皮经过多层切割后有了一层皮、二层皮，甚至多层皮之分。一层皮是最外面的一层，是高档的面料，用特制的放大镜看头层皮还可以看到清晰的毛孔，手感柔软，韧性好，弹性大，制作成沙发后经反复坐压也不易破裂；二层皮则是去掉头层皮剩下的皮子，表面张力和韧性均不如头层皮。

皮子大小：用大块皮子做的沙发较用小块皮子拼接的沙发档次高。

🏠 如何选择客厅的茶几

1. 就茶几的色彩搭配而言，明快的色彩是主流颜色，透明色也以其自然、简单、纯洁的特质独当一面。当然，单一的白色、黑色、米色、原木色仍占据着各自的市场。

2. 最好选与周围的家具同色系颜色的茶几，尽量避免颜色跳跃过大，红与绿、黑与白等颜色反差明显的搭配风格。

3. 如果与家具对比色差较大的茶几选择得当，会呈现另类的效果，但稍有不当就会显得俗气，因此尽量不要轻易选择那样的茶几。

4. 造型上也要以和谐为主，与沙发、周围的家具协调一致才能达到视觉上的美观，功能上的实用要求。

5. 切忌在绒面沙发的旁边，放置一个藤制茶几，因为那样会显得特别不协调。

6. 在藤椅边上放一个带抽屉的茶几，也会让人觉得别扭。

如何选购客厅的电视柜

颜色： 电视柜颜色要与客厅其他家具颜色相近，比如与墙面、地面甚至门扇等颜色相近。

大小： 尽量不要选择大尺寸的电视柜，以免占用太多空间，并且购买时还要考虑电视的尺寸、厚度，需要电视柜承载的其他电器种类，电视柜的收纳需求等，另外建议选择相对较薄的电视柜。

风格： 要根据室内整体装修风格来选择电视柜的风格，还可以参考墙面、顶面的造型，比如简约风格宜选择线条平直、造型精巧、通用性较强的电视柜。

选择卧室家具注意哪些问题

造型： 一般来说，卧室家具在造型设计上要体现宁静亲切的感觉，比如简洁、明快、大方的造型，而且最好使卧室家具整体形成一种系列感，比较和谐顺畅，切忌床、梳妆台、衣柜等单件家具造型繁复，风格迥异，给人以杂乱无章的感觉。

尺寸：卧室家具的尺寸也要适度。一般来讲，卧室的家具要以低、矮、平、直为主，尽管衣柜的高度有它特定的使用要求，但除了顶柜之外，悬挂、储纳衣物的柜体一般也要将高度控制在两米以下。

色彩：最好不要选择太过浓烈的色彩和纹饰，应以柔和明快为主，并要注意各件家具之间的和谐搭配。

🏠 如何布置小卧室的家具

数量：小卧室家具的数量不宜过多，以免使空间显得拥挤，比如15平方米以下的卧室要尽量选购功能性强、具有更强实用性的家具，另外还要注意控制大衣柜的厚度与其他室内家具的高度。

颜色：小卧室家具颜色不宜过深，以浅色调为佳，如白色、米黄色、木本色等，以提升空间的亮度，也可以选择具有一定造型感、带有浮雕与拼色装饰的家具增强装饰性。

造型：小卧室要尽量选择外形小巧、边角圆润的家具，避免大型、厚重的家具，以保证空间的整齐宽敞，避免产生拥挤感。

🏠 如何选择卧室床头柜

材质：实木的床头柜比板式的结实，另外还要注意抽屉和拉手是否顺滑好用。

设计：如果房间面积较小只想放一个床头柜，建议选择设计感较强的以减少单调性，不过要注意柜面面积，至少要能够放下一盏台灯、一个闹钟、几本书和眼镜、水杯等常用物品。

样式：最好选择带有抽屉、隔板的床头柜，可将书和眼镜等物品随手放入，保证卧室的整洁性；如果要放的东西较多，可选择带有多个陈列搁架的床头柜，不仅可以摆放很多饰品，还能收纳书籍等其他物品；如果要放的东西较少，可选择带单层抽屉的床头柜，节省空间。

如何摆设书房的家具

书房的家具除书柜、书桌、椅子外，兼会客用的书房还可配沙发、茶几等。在摆设上可以因地制宜灵活多变。

书柜摆放方式最为灵活，可以和书桌平行陈设，也可以垂直摆放，还可以将书柜的两端或中部相连，形成一个读书、写字的区域作为书桌。面积不大的书房，可以沿墙以整组书柜为背景，前面配上别致的写字台；面积稍大的书房，也可以用高低变化的书柜作为书房的主调。但无论采用哪种摆放方式，都应遵循一个原则：靠近书桌，以便收取书籍、资料。书柜中还可留出一些空格来放置一些工艺品，以增加书房艺术气氛。

书桌摆放位置一般都选在窗前或窗户右侧，以保证充足的光线，同时可以避免在桌面上留下阴影，影响阅读或工作。而书桌上的台灯则相对灵活，可以通过调整台灯来确保光线的角度、亮度。另外，书桌上还可适当布置一些盆景、字画以体现书房的文化氛围。

有的书房有会客区，就可以摆放休息椅或沙发。沙发要选用软一些、低一些的，这样能使人双腿自由伸展，得到充分的休息和放松，缓解久坐产生的疲劳感。

如何选择小户型书房的书柜

1. 选购白色、淡蓝等冷色调的书柜，款式尽量简洁大方。

2. 小巧的单门书柜和双门书柜是不错的选择。开放式的书柜最好，没有柜门方便随时取用书籍。

3. 书柜的搁架和分隔最好是可以任意调节的，根据书本的大小，按需要加以调整。

4. 落地式的大书柜有时可兼作间壁墙使用，一举两用，有效地区分了读书空间。

5. 书柜的基材可以选用中密度板，油漆要使用环保型油漆，甲醛释放量要低于 20 毫克／100 克。

选择餐桌椅注意哪些重点

颜色： 餐桌椅的颜色要与居室内其他家具的颜色相协调，最好以其他家具的颜色为参照，选择颜色相同或相近的餐桌椅。

材质： 不同材质的家具质感不同，选购餐桌椅时要注意与其他家具的质感相统一，比如如果其他家具为实木，那么如果餐桌椅不会经常被阳光直射的话，也最好选择实木材质，以使室内空间协调统一。

造型： 要根据餐厅的形状与面积选择餐桌椅的造型，比如长方形的餐厅宜选择长方形餐桌椅；正方形、圆形餐厅宜选择圆形、方形餐桌椅；面积很小、进深不大的餐厅宜选择可折叠的餐桌椅。

选择餐边柜注意哪些问题

餐边柜的风格要与家居整体风格相协调。欧式餐边柜不光造型美观漂亮，线条优美，细处的雕花、把手的镀金都是体现工艺的亮点。如果是中式的，那么柜体的选材上以全实木为主，橡木、樱桃木、桃花芯木、檀木、花梨木等都是不错的选择，色彩上也以原木色为主，体现木材自然的纹理和质感。如果是现代风格的，那么餐边柜也可以选择一些冷色调，以大面积的纯色为主，增加一些金属材质、烤漆门板等新材料的运用。

选择玄关家具注意哪些问题

尺寸： 通常玄关的过道保持 1 米的宽度基本可以保障正常使用，所以储物柜的进深应控制在 45 厘米，主要放鞋、包等不会太宽的物品，不能尺寸过大。

光线：通常玄关都不临窗，光线多来源于相邻空间，所以玄关的家具要摆放得当，不能遮挡光线。

安全：要注意玄关的家具不能有尖角，以免多人一起换鞋时发生磕碰现象。

风格：要避免使用不同风格的家具，以免破坏小空间的整体感，即要注意选择与整体装修风格相协调的家具。

🏠 不同面积的玄关如何布置家具

1. 小玄关的空间一般都是呈窄条形的，常常给人狭小阴暗的印象。这类玄关最好只在单侧摆放一些低矮的鞋柜，可以在上面的墙壁上安装一个横杆来直接架衣服。如果有需要，就安装一个单柜来收纳衣服，切忌柜子太多，因为这样会使本来就狭窄的空间更加局促。

2. 宽敞一点的玄关可以摆放更多的家具，可以参考小玄关的布置方法，再摆放一个中等高度的储物柜或者五斗橱，以便于收纳更多的衣服或鞋子。但是也要保留一些开敞空间，这样不仅可以使空间看起来更宽敞，还可以让整体的布置看起来活泼且富有变化，甚至能够让衣服也变成一种装饰品。

3. 如果玄关的空间够大，可以多摆设一些衣柜，有柜门的储物空间看起来整齐大气，而且材质好的木柜门还能体现出主人的整体品位。如果业主觉得只摆一组衣柜太过单调，可以适当放置矮凳、玄关柜等家具，这样不但能使换衣空间更加舒适，还能增加装饰性。

🏠 浴室柜如何与空间风格相搭配

浴室柜主要有前卫时尚、怀旧古典、自然清新及新古典等四种风格，四种风格各不相同：

1. 前卫时尚浴室柜以简约设计风格为主，使用颜色比较大胆，得到许多年轻人的青睐。

2. 怀旧古典浴室柜带有一种中式的古典艺术美感，与防腐蚀的地板并用装饰卫浴间，将更为协调。

3. 自然清新浴室柜是时尚浴室柜的主流之一，清爽洁净的白色尽显清新。

4. 新古典浴室柜是在古典韵味中融入现代元素，线条简单流畅，而非欧式古典一派曲线的繁复。

🏠 如何选购装饰类布艺

颜色：颜色上要与家具颜色、装修风格相协调。如浅色调的家具宜选用淡粉、粉绿等雅致的碎花布料；深色调的家具宜选择墨绿、深蓝等色彩；豪华的风格宜选择色彩浓重、花纹繁复的布饰；简约风格宜选颜色浅淡、图案简洁的布饰。另外还要注意装饰地面时宜采用稍深的颜色，而台布和床罩宜选择色彩和明度低于地面的花纹。

材质：面料质地应与布饰品的功能相统一，比如客厅可选择华丽优美的面料；卧室可选择流畅柔和、结实耐洗的面料；床上要选择柔软透气的纯棉质地布料等。

居室空间：窗帘、帷幔、壁挂等悬挂的布饰，其面积、色彩、图案、款式等，要与居室的空间相匹配，形成视觉上的平衡感，如较大的窗户宜选择宽出窗洞、长度接近地面的窗帘；较小的空间宜选择图案细小的布料。

🏠 如何选购客厅沙发的靠垫

深色沙发在搭配靠垫时，应选择颜色较浅的靠垫，以削弱硬朗感，摆脱沉闷感；或考虑选择邻近色或同类色系的，这样组合起来会更加协调。为了避免单调，可以选择有花纹、有变化的同类色系靠垫，这样看上去不但活泼，而且更加时尚。

浅色沙发最保险的选择是搭配浅色系的靠垫，中规中矩，但很难出彩。不妨考虑一下采用对比的手法，制造出有冲突效果的搭配方法。例如湖蓝、橙色、玫红等视觉冲击强烈的色彩，并搭配一些色彩同样鲜艳的装饰画等，从而在冲突中寻找视觉平衡。这种搭配方式较为大胆，它打破了传统单一的形式，制造出耳目一新的装饰效果。华丽的色彩增加了戏剧性效果，使得原本平淡无奇的客厅一下变得活泼分明了。在材质方面，丝质具有光泽的靠垫是不错的选择，华丽但不突兀。

如何选择餐厅桌布

餐厅桌布花样较多，可根据不同的喜好选择：

格子图案： 适用范围较广，用于餐桌可增加餐厅的和谐温馨感，营造出更加融洽的氛围，搭配图案相近的椅套、靠垫或纸巾盒套等效果更佳。

碎花图案： 风格清新自然，搭配白色、木本色餐桌、餐椅更有清爽宜人之感。

美食图案： 贴近餐厅的主题环境，如选橙色、绿色等颜色还能增加空间亮度，提高食欲。

如何选购床品

风格： 不同的床品有不同的风格，业主可根据具体情况选择，如色彩淡雅、花纹朴素的面料风格简约整洁；花纹缀边、色彩艳丽的布料风格奢华贵气，可用于四柱的豪华大床；另外如果床底杂物过多可用床罩修饰；并且为了使床具与房间的布置格调相统一，还可搭配一些布垫和毯子等。

材质： 要选择舒适的面料，比如采用环保染料印染的高密度纯棉面料，以及纯棉、真丝等质地柔软的面料，不仅手感好，保温性能强，也易于清洗。

装饰性： 床品风格要与周围的环境相协调，增加装饰效果，如富丽堂皇的环境宜选择大花、卷草等图案的床品，而雅致、前卫的环境宜选择几何抽象图案的床品。

如何选择客厅的地毯

客厅可以选择厚重、耐磨的地毯，面积稍大的最好铺设到沙发下面。如果客厅面积不大，应选择面积略大于茶几的地毯。单色地毯可搭配同类色的布艺，比如单色无图案的地毯可搭配颜色较花的布艺沙发，从沙发上选择一种面积较大的颜色作为地毯颜色。黑白条纹地毯可搭配与其图案相近的沙发布艺，建议黑色与白色的比例为4∶6。如果沙发颜色比较单一而墙面颜色比较鲜艳，也可选择条纹地毯，并且要依照比例较大的同类色作为主色调来搭配颜色。

如何选择卧室的地毯

卧室地毯有满铺地毯和装饰地毯两种，选购时要注意以下几点：

1. 如果卧室密闭性好且室外环境好，灰尘较少，可以选择满铺卧室地毯，这样不仅能增加卧室的舒适性，还能提高家居装饰的档次。

2. 如果不喜欢满铺地毯，而室内家具陈设比较简单，缺乏装饰性，可选择小型的装饰地毯，置于床边，既方便打理，又能协调室内空间温馨的氛围。

3. 建议选择天然材质的卧室地毯，如纯棉、麻、纯羊毛等，这类材质脚感好，舒适度高，并且即使在干燥的季节也不会产生静电，虽耐磨性不高，但用于使用不是很频繁的卧室并不妨碍。

如何选择玄关的地毯

质地：建议选择尼龙、腈纶化纤材料的玄关地毯，耐磨性好，寿命长，而最好不要选择羊毛或纯棉地毯。

颜色：玄关地毯的花色可根据主人喜好搭配，暖色活泼鲜艳，显得开朗热情，冷色静谧稳重，显得儒雅平易。不过为了防止污损，建议选择颜色深一点的地毯。

功能： 主要指防滑功能，玄关地毯背部应有防滑垫或胶质网布，因为这类地毯面积比较小，质量轻，不易打滑。

纤维： 玄关地毯的材质纤维不宜过长、过密，以免积累污垢不易清洗，降低防腐、防潮性。

如何选择窗帘的材质

不同材质的窗帘不仅在价格上有差异，适用的装修风格也不同，目前市场上窗帘的主要材质有棉质、涤棉、麻料、针织涤纶、各种混纺等。麻质窗帘花型凸凹，立体感强，色彩丰富，薄而挺，有垂感，档次较高；涤棉窗帘花型秀丽，织物轻薄飘逸，如用冷色调还可营造出优雅舒适的氛围；针织涤纶抽经纱窗帘图案鲜明，网眼织花，立体感强，舒适爽快；花绉布及平绒窗帘织物厚实，色泽浓艳，花型具有立体感，风格高雅庄重，价格适中。

另外，窗帘的使用功能还受其厚薄的影响。如厚重的花绉布及平绒窗帘可以防止噪音；薄型窗帘可以把强烈阳光变为纤细而柔和的浸射光，既挡烈日，又使室内保持明亮光洁。由于目前很多家庭都只挂一层窗帘，所以建议选择厚薄适中的质地，四季都适用；另外还可以挂一层纱窗帘，再加一层布窗帘，根据不同需要随时调节。

如何挑选窗帘的颜色

1. 建议选择与地板颜色同色系的窗帘，不仅能产生协调感，还会产生一种视觉延伸感，从而在视觉上增加室内面积。

2. 建议选用与室内门同色系的窗帘，可以活跃室内气氛，减少家居环境中色彩的使用量，从而符合普通家装简约、舒适的需要，但要注意慎用黑色和白色。

3. 建议选用与墙面同色系的窗帘，可以与室内整体装修风格相协调，不过要注意如果是白色墙面的话要避免选择过于简单的纯白色，最好使用米黄、奶白等更加温和的颜色。

⌂ 选择家居饰品注意哪些要点

色彩： 要根据家居环境和气氛安排饰品的色彩是对比还是协调，通常对比色容易让气氛显得活跃，色彩协调则有利于表现优雅风格。

比例： 家居饰品与室内空间的比例要恰当，过小会显得室内空旷小气，过大则会显得拥挤。

质感： 要考虑质感的关系，如在木制的台面上放一个石雕，或在金属的架子上放一个玻璃制品，可令两种质感各显特色。

风格： 饰品要注意与家居装修风格相协调，如现代装修风格中不能摆放古董等，以免显得突兀。

类型： 家居饰品的类型多样，有字画、书籍、摆件、花卉等，业主可在符合家居环境的前提下根据自己的喜好选择。

⌂ 家居饰品注意哪些摆设技巧

首先，在摆设时要考虑到颜色的搭配，和谐的颜色会带给人愉悦的感觉。可以先把饰品按照颜色来分类，然后再根据自己的创意来打造淡雅、温馨或者是个性前卫的风格。其次，摆设品的数量不应太多。饰品的作用只是起到点缀的效果，数量过多的话会让客厅失去原本的风格，并且整个空间看起来也会比较的凌乱。最后，饰品在摆放时也要根据高低次序以及宽度大小等错落有致地放置，最好的方式是将高的放在最后面，然后依据次序摆放。

⌂ 如何布置玄关的饰品

玄关的饰品种类多样，业主可根据自己的具体情况选择：风景画让人有心旷神怡之感；镜子扩大视觉空间，方便整理仪容；花卉色彩明丽，生机活泼；全家合照或小型挂毯体现温馨的家庭氛围；别致的相架、精美的座钟、古朴的瓷器等风格独特，增加装饰效果。

如何布置阳台的饰品

布置阳台饰品通常有以下几种选择：

1. 摆放绿色植物或者花卉增加生机。

2. 陶瓷壁挂、挂盘、雕塑等可挂于整齐有致的侧墙上增添装饰韵味。

3. 可将柴、草、苇、棕、麻、玉米皮等材料做成的编织物作为装饰品挂在墙面上，别有一番风味。

4. 可利用旧地毯或其他材料装饰阳台地面，增加行走的舒适感。

5. 有的隔墙还可做成博古架的形式，以供放置装饰品。

如何布置卫浴间的饰品

数量：为避免使卫浴间杂乱无序，要合理选择饰品的数量，不宜过多。

风格：饰品风格要与卫浴间整体风格相协调。

功能：建议选择防潮性好，不易锈蚀霉变的饰品，并且要注意通风，保持卫浴间的干燥性，防止饰品表面滋生细菌。

如何布置书房的饰品

书房是家中文化气息最浓的地方，不仅要有写字台、椅子、书柜、各类书籍，还应当将各种情趣充分融入到装饰中：几件艺术收藏品，如绘画、雕塑、铁艺工艺品都可装点其中，几个剔透的玻璃瓶、几幅墨宝，哪怕是几个古朴简单的土陶，都可为书房带来浓郁的文化气息。

🏠 如何选择装饰摆件

材质：木质一般价格比较经济，摆件本身也比较轻巧，而且会给人一种原始而自然的感觉；陶瓷摆件做工精美，但陶瓷是易碎品，要小心保养；金属摆件结构坚固，不易变形，比较耐磨，但是比较笨重，价格也相对高一些。要根据自己的需要选择合适的产品。

工艺：优质的装饰摆件在工艺上要求结构完整，表面光滑，无破损；图案清晰，色彩均匀，雕刻生动传神，装饰性能好。

风格：要根据室内整体的装修风格选择装饰摆件的风格，另外摆件的颜色最好与室内颜色有一定的对比，以达到更好的装饰效果。

🏠 如何根据不同的家居风格选择镜子

圆形镜子：有正圆形与椭圆形两种，华丽典雅，风格复古，适合古典与奢华类家居风格，常单片使用，搭配有雕塑感的镜框效果更佳。

方形镜子：有正方形与长方形两种，线条平直，风格简约，适合现代简约家居风格，通常可一次选购两片或四片为一组，铺设成"一字型"或"田字形"效果更佳。

曲线镜子：边缘线条呈曲线状，造型活泼，风格独特，适合年轻活泼的家居风格，多片镜子组合成造型使用效果更佳。不过要注意曲线镜子对造型要求很高，业主最好到正规建材城购买，以保证产品质量和服务。

🏠 如何用画框装饰床头墙

用艺术画多组并列来做床头墙的装饰是一种比较简便易行的办法，而且很容易根据整体装饰效果选择相应的画面。其装饰方法也非常多样，主人可以发挥自己的想象力和创造力，一般来说，可以挑选自己喜欢的图片，将它们镶进相框中，要注意相框底衬大小的尺寸要统一，颜色要搭配，并且画面内容保持一定的连贯性。

如何根据房间的装饰风格选画

现代风格建议选择印象派、抽象派油画，如果风格偏后现代可选择具有现代抽象题材的或个性鲜明的装饰画。

中式风格建议选择国画、水彩画等，图案以写意山水、花鸟鱼虫等传统风格为主；也可选择用特殊材料制作的画，如民族色彩浓烈的花泥画、剪纸画、木刻画和绳结画等。

欧式风格建议选择油画类作品，纯欧式风格宜选择西方古典油画；简欧式风格宜选择印象派油画；田园式风格宜选择花卉题材油画；别墅等高档住宅宜选择肖像油画。

如何根据房间墙面的形状选画

1. 长方形墙面可选择相同形状的装饰画，一般采用中等规格的尺寸即可，比如60厘米×90厘米、60厘米×80厘米、50厘米×60厘米。

2. 半圆形墙面宜搭配半圆形装饰画，但目前市场上无半圆形的装饰框，所以可以在画面上留出空间，以弥补此不足。

如何选购客厅装饰画

1. 主墙面最好选择一幅具有强烈视觉冲击效果的大尺幅作品，以诠释和升华空间氛围，尺寸建议在80厘米×150厘米左右。

2. 客厅是平常活动的主要场所，装饰画经常会成为视觉焦点，可选择抽象画、油画等让人产生丰富联想，也可选择色彩深沉的装饰画以形成视觉冲击力，还可以选择以风景、人物、聚会活动等为题材的装饰画等。

3. 客厅装饰画的题材、色调、风格和配框都要与房间的家具及装修风格相协调。

如何选择卧室装饰画

画的类型：可悬挂个人婚纱照或艺术照，也可选择人体油画、花卉画和抽象画等，以营造温馨浪漫、优雅舒适的氛围。

床的样式：柔和厚重的软床宜选择边框较细、质感冷硬的装饰画，通过视觉反差来突出装饰效果；线条简洁、木纹表面的板式床宜选择带立体感和现代质感边框的装饰画。

如何选择餐厅装饰画

色彩：建议选择色彩清丽雅致的装饰画。

风格：建议选择风格温馨宁静，干净平和，能增进食欲的装饰画，题材可以食物、餐具、花卉等为主。

位置：建议挂在餐桌两边的其中一面墙上，数量以一到两幅为宜，画幅面积最好比厨房装饰画大一些。

如何在书房挂画

书房墙上挂画打破了白墙的单调感，装饰画的色调要淡雅、明朗，如中国传统水墨画就是一种不错的选择；书房不宜选择一些画面颜色过于艳丽跳跃的装饰画，以免分散精力，不利于学习看书。挂画时要考虑正常成年人的视线角度，还考虑对应关系，有的地方挂琐碎一点的相片，有的墙面可以挂整幅的画，有大有小，有整有零的搭配才更加美观。小件的装饰画可以色彩鲜明一点，大件的装饰画可以和整体色调相统一。

客厅如何摆设插花

插花风格：插花布置应该具有热烈、祥和、美好的生活情调，并且花材持久性要好一点。

摆放位置：客厅插花布置应注意点、线、面的结合，比如茶几上可摆放雅俗共赏的盆式插花，较高的花架或书架上可摆放飘逸多姿的悬崖式插花。另外，在一些大面积的角落如沙发背后也可以摆放插花，但要注意高度。最后还要注意经常改变插花的形式以带来新鲜感。

玄关如何摆设插花

颜色：玄关是进门必经之地，能在进门的第一时间展现主人的品位，玄关的插花建议选用鲜艳、华丽的色调，在短时间内给人深刻印象，另外也可选择人造花或干花。

搭配：玄关插花的颜色要与客厅基调相协调，比如可以用低矮的圆形插花，将长线条的案桌和两个瘦长的台灯柔和地联系在一起，既错落有致，又能呼应墙上的挂饰，能从容地起到圆心的作用，让周围的物件有聚合性。插花过程中要掌握主与次、疏与密、曲与直、大与小、高与低的关系，以渲染出热烈的气氛来迎接宾客。

卫浴间如何摆设插花

颜色：卫浴间阴冷潮湿，建议选择耐阴耐湿的花卉；另外最好选择暖色调的花卉以调和卫浴间的环境，增加温暖清新的感觉，如浅粉、浅红或橘黄等。

器皿：要根据卫浴间的风格和安全性来选择插花的器皿，比如奢华风格的卫浴间宜选择水晶、金属或者纸质花器来提升质感，简约风格的卫浴间宜选择玻璃、陶瓷或者陶罐等器皿。

摆放：卫浴间可摆放插花的位置有窗台、洗手台、墙角、墙面搁板等，建议业主最好在面积较大的区域摆放一至两盆外形小巧、具有一定香味的花卉，不可过多，以免使卫浴间显得杂乱。

🏠 玄关如何摆设植物

面积大、光照充足的玄关建议摆放灌木类植物、悬挂类植株和藤蔓类植物；面积大但光照不足的玄关建议摆放高大的植物，但要用灯光对植物进行照射以弥补光照的不足；面积小而光照充足的玄关可与大面积光照充足的玄关摆放同类植物，但要注意减少摆放数量；面积小且光照不足的玄关建议摆放小型、喜阴的植物，如羊齿类的观叶植物等。

🏠 客厅如何摆设植物

数量：要合理安排客厅摆放的植物数量，不宜过多。

位置：大型盆栽植物，如巴西木、假槟榔、香龙血树、南洋杉、苏铁树、橡皮树等，可摆放在客厅入口处、角落、楼梯旁；小型观叶植物，如春羽、金血万年青、彩叶芋等，可摆放在茶几、矮柜上；中型观叶植物，如棕竹、龙舌兰、龟背竹等悬挂植物以及常春藤、鸭石草等可摆放在桌柜、转角沙发处。另外要注意摆放的植物不能阻碍家人活动，还要注意大小搭配摆放。

类型：较低的房间可利用形态整齐、笔直的植物使其显得高一些，过高的房间可利用吊篮与蔓垂性植物使其显得低一些，狭窄的房间可利用叶小、枝呈拱形伸展的植物使其显得宽敞一些；装饰单调的房间可选择形态复杂、色彩多变的观赏叶植物，装饰繁复的房间可选择叶大而简单的植物。

🏠 卧室如何摆设植物

卧室最好摆放温馨宁静的小型盆花，如文竹等绿叶类植物，也可以选择生机盎然的君子兰、金桔、桂花、满天星、茉莉等，这些花卉不但给人带来一股青春气息，而且会使人感到居室内生机活力。

大面积卧室可摆放较大的盆栽；中等面积的卧室可摆放小盆的盆栽；小面积的卧室

可摆放倒吊的盆栽或者利用花瓶养花。另外摆放的植物要与卧室整体装修风格相协调。

🏠 书房如何摆设植物

书房摆放的植物最好要能体现文雅的氛围；另外还可以在书桌上摆放薄荷叶等提神醒脑的花草，提高学习效率；冬天还可以摆放插瓶梅花来增添书房的雅趣。

小面积书房可在书桌或窗台边上摆上小型盆栽，如文竹、富贵竹、山花竹、文心兰等文雅的植物；大面积书房可在偏东或偏南的角落摆上盆栽的竹子，或者是发财树、佛手芋之类的旺运植物。

🏠 餐厅如何摆设植物

餐厅摆放植物要注意以下几点：

颜色： 建议选择花朵艳丽的盆栽植物，如秋海棠和圣诞花之类，可以增添欢快的气氛；也可以将富于色彩变化的吊盆植物置于木制的分隔柜上，把餐厅与其他功能区域分开。

种类： 最好使用无菌土来培养植物，以保证餐厅的清洁性；另外要尽量摆放形态低矮的植物，以免妨碍人的交流，比如番红花、仙客来、四季秋海棠、常春藤等。

气味： 最好不要选择气味过于浓烈的植物，如风信子等。